深信服

安全服务

工程师实战

深信服安全服务团队　编著

人民邮电出版社

北　京

图书在版编目（CIP）数据

深信服安全服务工程师实战 / 深信服安全服务团队
编著. -- 北京 ：人民邮电出版社，2022.8
ISBN 978-7-115-59069-5

Ⅰ．①深… Ⅱ．①深… Ⅲ．①计算机网络—网络安全
Ⅳ．①TP393.08

中国版本图书馆CIP数据核字(2022)第053658号

内 容 提 要

为了进一步解决全社会的网络安全人才缺口的问题，深信服科技股份有限公司结合逾 20 年的安全实践和内部人才培养经验，编写了本书。

本书以安全服务工作为主线，全面涵盖安全服务的主要工作。本书共 9 章，包括安全服务基础、风险评估服务、基线核查服务、漏洞扫描服务、安全体检服务、安全托管服务、应急响应服务、渗透测试服务、安全服务交付流程等。通过阅读本书，读者可以快速形成完整的安全服务观念、系统的安全服务思路、标准的安全服务动作、规范的安全服务流程，从而为日后的安全服务工作打下扎实的基础。

本书可作为深信服安全服务工程师认证（SCSSA）的培训教材，也可作为安全服务客户方和服务方单位内部网络安全团队的学习参考资料。

◆ 编　　著　深信服安全服务团队
　　责任编辑　孙喆思
　　责任印制　王　郁　胡　南

◆ 人民邮电出版社出版发行　　北京市丰台区成寿寺路 11 号
　　邮编　100164　电子邮件　315@ptpress.com.cn
　　网址　https://www.ptpress.com.cn
　　北京九州迅驰传媒文化有限公司印刷

◆ 开本：800×1000　1/16
　　印张：13.25　　　　　　　　2022 年 8 月第 1 版
　　字数：302 千字　　　　　　2024 年 11 月北京第 9 次印刷

定价：69.80 元

读者服务热线：(010)81055410　印装质量热线：(010)81055316
反盗版热线：(010)81055315
广告经营许可证：京东市监广登字 20170147 号

前　言

　　我国正处于从工业社会向信息社会转型的加速期，政府、教育、医疗、金融等各行各业的数字化转型都在如火如荼地开展。信息网络系统已然成为经济社会运行的关键基础设施，确保其安全运行成为关键任务。

　　与此同时，网络空间的攻防对抗形势愈加严峻，《中华人民共和国网络安全法》《中华人民共和国数据安全法》《中华人民共和国个人信息保护法》等法律法规的密集出台，要求各行各业在加快数字化转型进程之余，必须思考如何保障数字化转型的安全性。因此，加强网络安全人才队伍建设，已经成为信息社会转型的关键需求。

　　当前，我国网络安全人才的缺口从 2015 年的 50 万人急速扩大至 150 多万人，而且随着信息社会转型的推进，这一人才缺口还将进一步扩大。在 2020 年和 2021 年的国家网络安全宣传周上，包括与会专家在内的业内人士纷纷呼吁，要求大力培养网络安全实战型、实用型人才。

　　在网络安全人才缺口中，占比最大的是安全服务工程师。政企等客户方单位，需要安全服务工程师发现和处置网络安全问题，保障信息网络系统的安全运行。安全集成等服务方单位，需要安全服务工程师理解客户需求，提供有效的安全解决方案，让安全产品发挥作用，做好客户的安全保障工作。

　　那么，如何培养安全服务工程师呢？深信服科技股份有限公司（文中简称为"深信服"）在服务大量客户、成功保障客户网络安全的经验基础之上，探索总结出了一套贴近实战、面向实用的培养方法。

　　在不到 3 年的时间里，深信服利用这套方法在公司内部培养出了一支强大的安全服务团队，团队成员分布全国各地，为大量客户的基础设施提供了安全保护并得到了客户的广泛认可和赞誉。从 2019 年 9 月开始，深信服向核心合作伙伴开放了这套培养方法。截至 2021 年底，深信服已经为全国 500 多家合作伙伴培养了近千名安全服务工程师，这在扩大安全服务覆盖面的同时，也让更多的客户用得上、用得起专业的安全服务。

此外，为了进一步解决全社会的网络安全人才缺口的问题，深信服在内部培养和为合作伙伴培养安全服务工程师的基础之上，特地在 2021 年组织了一批长期在安全服务一线耕耘的资深专家，结合深信服逾 20 年的安全实践和内部人才培养经验，花费一年的时间编写了本书。

本书一方面可作为深信服安全服务工程师认证（SCSSA）的培训教材，另一方面可以作为安全服务客户方和服务方单位内部网络安全团队的学习参考资料，旨在培养更多的网络安全人才，为社会做出一点贡献。

致谢

在本书的编写过程中，我们得到了深信服各个部门的关心和支持。公司内的许多安全服务专家、SCSSA 培训讲师也参与了本书的编写和审稿工作。在此表示感谢！

感谢胡斌、高强、薛征宇、李焕波、沙明、王绍东、熊甲林给予的指导！感谢侯美静、罗明、石海赟、骆政、吴周龙、金哲磊、廖辰然、邓德腾等安全服务专家讲师在背后的默默付出！感谢秦晓敏、张诏春、黄心悦对本书所做的审稿工作！

最后，受限于时间以及作者自己的技术水平，本书中难免有不妥或错误之处，恳请同行以及读者不吝指正（可通过 anfuxy@sangfor.com.cn 进行反馈）。

目　录

第 1 章　安全服务基础 ··· 1

1.1　安全服务简介 ·· 1

1.2　网络基础 ··· 1

　　1.2.1　网络分层体系结构 ··· 2

　　1.2.2　常见网络协议 ·· 4

　　1.2.3　Web 服务架构 ·· 5

　　1.2.4　Web 服务构成与工作原理 ··· 6

　　1.2.5　常见 Web 服务器组件 ·· 6

1.3　安全基础 ·· 10

　　1.3.1　深信服安全评估工具 ·· 10

　　1.3.2　Nmap 端口扫描工具 ·· 10

　　1.3.3　sqlmap 数据库注入工具 ·· 11

　　1.3.4　AWVS 网站漏洞扫描工具 ··· 11

　　1.3.5　Burp Suite 网站安全测试工具 ··· 11

　　1.3.6　Metasploit 漏洞验证工具 ·· 11

　　1.3.7　Nessus ·· 12

第 2 章　风险评估服务 ··· 13

2.1　风险评估介绍 ··· 13

　　2.1.1　风险评估的现状与标准 ··· 14

　　2.1.2　风险评估目的 ·· 16

　　2.1.3　风险评估方式 ·· 18

　　2.1.4　风险评估原则 ·· 18

　　2.1.5　风险评估方法 ·· 19

2.2　服务详情 ·· 20

        2.2.1 评估模型 ·· 20

        2.2.2 评估方法 ·· 21

        2.2.3 评估范围 ·· 23

    2.3 服务流程 ··· 25

        2.3.1 评估准备 ·· 26

        2.3.2 资产评估 ·· 27

        2.3.3 威胁评估 ·· 30

        2.3.4 脆弱性评估 ·· 33

        2.3.5 风险综合分析 ······································ 35

        2.3.6 风险处置计划 ······································ 36

        2.3.7 总结会议和服务验收 ································ 37

第3章   基线核查服务 ·· 38

    3.1 基线核查的概念 ··· 38

    3.2 基线的分类 ·· 38

    3.3 基线核查的主要对象 ······································ 39

    3.4 基线核查的内容 ··· 41

    3.5 基线核查的方式 ··· 43

    3.6 基线核查的实施流程 ······································ 43

    3.7 基线核查的案例讲解 ······································ 44

第4章   漏洞扫描服务 ·· 48

    4.1 服务概述 ··· 48

        4.1.1 服务必要性 ·· 48

        4.1.2 服务收益 ·· 50

    4.2 实施标准和原则 ··· 50

        4.2.1 政策文件或标准 ···································· 50

        4.2.2 服务原则 ·· 51

    4.3 服务详情 ··· 51

        4.3.1 服务内容 ·· 52

        4.3.2 服务范围 ·· 53

        4.3.3 服务方式 ·· 54

        4.3.4 服务流程 ·· 54

    4.4 服务工具 ··· 55

    4.5 漏洞验证 ··· 55

　　　4.5.1　Web 漏洞验证方法 ···················· 56

　　　4.5.2　系统漏洞验证方法 ···················· 62

第 5 章　安全体检服务 ························ 64

5.1　服务依据 ···································· 64

5.2　服务介绍 ···································· 65

5.3　服务详情 ···································· 66

5.4　服务流程 ···································· 66

　　　5.4.1　准备阶段 ························· 66

　　　5.4.2　实施阶段 ························· 68

　　　5.4.3　总结汇报阶段 ····················· 70

5.5　服务注意事项 ································ 70

第 6 章　安全托管服务 ························ 72

6.1　术语与定义 ·································· 72

6.2　安全现状分析 ································ 73

6.3　服务概述 ···································· 74

　　　6.3.1　服务概念 ························· 74

　　　6.3.2　服务必要性 ······················ 75

　　　6.3.3　服务收益 ························· 76

6.4　实施标准和原则 ······························ 76

　　　6.4.1　政策文件或标准 ···················· 76

　　　6.4.2　服务原则 ························· 77

6.5　服务详情 ···································· 78

　　　6.5.1　服务范围 ························· 78

　　　6.5.2　服务方式 ························· 78

　　　6.5.3　服务流程 ························· 79

6.6　服务工具与关键技术 ·························· 86

　　　6.6.1　安全运营平台 ····················· 86

　　　6.6.2　运营组件 ························· 87

　　　6.6.3　SOAR 技术 ······················ 89

　　　6.6.4　基于 ATT&CK 构建的安全用例 ············ 90

　　　6.6.5　基于安全专家实战经验固化的事件响应指导手册 ······ 90

　　　6.6.6　基于安全云脑的威胁情报关联分析技术 ·········· 90

6.7　产品服务 ···································· 91

6.7.1　安全托管服务 ·· 91

6.7.2　精准预警与极速响应 ·· 92

6.7.3　服务过程可视化 ·· 92

6.7.4　工单管理系统 ··· 93

6.7.5　安全资质 ·· 93

6.7.6　安全服务团队 ··· 94

6.7.7　服务质量 ·· 96

第 7 章　应急响应服务 ·· 97

7.1　网络安全应急响应概述 ·· 97

7.1.1　网络安全应急响应基本概念 ··· 97

7.1.2　常见安全事件分类 ··· 98

7.1.3　网络安全应急响应现场处置流程 ···································· 100

7.2　网络安全应急响应基础 ·· 102

7.2.1　系统排查 ·· 102

7.2.2　账号排查 ·· 103

7.2.3　端口排查 ·· 105

7.2.4　网络连接排查 ··· 105

7.2.5　定时任务排查 ··· 106

7.2.6　自启动排查 ·· 106

7.2.7　服务排查 ·· 107

7.2.8　进程排查 ·· 107

7.2.9　文件排查 ·· 108

7.2.10　内存分析 ··· 110

7.2.11　历史命令分析 ·· 112

7.3　安全日志分析 ·· 113

7.3.1　日志分析基础 ··· 113

7.3.2　系统日志分析 ··· 116

7.3.3　Web 日志分析 ·· 119

7.4　勒索病毒网络安全应急响应 ··· 121

7.4.1　勒索病毒概述 ··· 121

7.4.2　常规处置方法 ··· 123

7.5　挖矿病毒网络安全应急响应 ··· 125

7.5.1　挖矿病毒概述 ··· 125

7.5.2　常规处置流程 ·· 127

7.6　Web 入侵网络安全应急响应 ·· 131

7.6.1　Webshell 概述 ·· 131

7.6.2　常见黑链现象及处置 ··· 132

7.6.3　常规处置方法 ·· 134

第 8 章　渗透测试服务 ··· 136

8.1　渗透测试与红队演练 ··· 136

8.2　渗透测试分类与服务流程 ·· 137

8.2.1　渗透测试分类 ·· 137

8.2.2　服务工具 ·· 140

8.3　信息收集 ··· 140

8.4　漏洞发现和利用 ·· 141

8.5　内网渗透 ··· 142

8.6　报告编写规范 ·· 143

8.6.1　渗透测试说明规范 ·· 144

8.6.2　问题总览规范 ·· 145

8.6.3　渗透测试工作内容 ·· 146

8.6.4　渗透测试漏洞细节 ·· 147

第 9 章　安全服务交付流程 ··· 148

9.1　项目管理概述 ·· 148

9.1.1　项目角色定义与职责 ·· 148

9.1.2　项目管理流程阶段 ·· 149

9.1.3　项目分级 ·· 149

9.1.4　项目流程具体活动说明 ·· 150

9.1.5　立项规范 ·· 153

9.1.6　问题分级标准 ·· 154

9.1.7　项目变更参考 ·· 155

9.1.8　服务项目评价 ·· 155

9.2　项目交付概述 ·· 156

9.2.1　准备阶段 ·· 157

9.2.2　计划阶段 ·· 157

9.2.3　启动阶段 ·· 158

9.2.4　交付阶段 ·· 158

9.2.5 收尾阶段 ·· 158

9.3 项目准备 ··· 159
9.3.1 项目准备概念 ································· 159
9.3.2 项目立项 ······································· 159
9.3.3 项目的售前售后移交 ······················ 160
9.3.4 识别项目干系人 ····························· 161
9.3.5 预估项目成本 ································· 163
9.3.6 授权与工具准备 ····························· 164
9.3.7 准备阶段的沟通内容 ······················ 165

9.4 项目计划 ··· 165
9.4.1 项目计划的概念 ····························· 166
9.4.2 项目里程碑 ···································· 166
9.4.3 制订项目计划 ································· 168
9.4.4 制订项目实施方案 ·························· 171
9.4.5 计划阶段沟通内容 ·························· 172

9.5 项目启动 ··· 173
9.5.1 项目启动会概述 ····························· 173
9.5.2 项目服务范围 ································· 174
9.5.3 项目实施计划 ································· 175
9.5.4 项目服务人员及职责 ······················ 176
9.5.5 召开会议 ······································· 177

9.6 项目实施 ··· 178
9.6.1 项目交付阶段概述 ·························· 178
9.6.2 项目管理与指导工作 ······················ 178
9.6.3 项目范围管理 ································· 180
9.6.4 项目质量管理 ································· 182
9.6.5 项目风险管理 ································· 183
9.6.6 项目其他管理 ································· 185

9.7 安全加固方案：勒索病毒防护解决方案 ········· 187
9.7.1 常见入侵方式及防护挑战 ················· 188
9.7.2 设计原则 ······································· 190
9.7.3 建设范围与规模 ····························· 192
9.7.4 方案部署说明 ································· 199
9.7.5 方案价值 ······································· 201

第 1 章
安全服务基础

1.1 安全服务简介

随着信息时代的飞速发展，大型的网络安全事件、信息泄露事件层出不穷。攻击者的攻击手法更加精密化、工具化，这给企业安全带来了更为严峻的挑战。

此外，云计算、物联网、工控系统、移动互联网这类新技术的出现，也带来了新的风险面。

越来越多的客户目标是最终的安全效果，而不是简单的产品堆叠。客户希望有人能够帮他们建设网络安全体系，让整体安全体系符合等级保护条例，帮他们分担安全运营管理的压力。因此，安全服务应运而生。

安全服务，就是为加强网络信息系统安全性、对抗安全攻击而采取的一系列措施。安全服务的本质就是为客户提供真正的安全效果，分担他们的安全运营管理的压力，让安全体系更加完善。

而想要成为一名安全服务工程师，首先需要具备一些基础知识，如网络基础和安全基础。下面我们分别来看一下。

1.2 网络基础

网络基础分为网络分层体系结构、常见网络协议、Web 服务架构、Web 服务构成与工作原理和常见 Web 服务器组件。

1.2.1　网络分层体系结构

网络分层体系结构通常包括 OSI 七层模型和 TCP/IP 四层模型。

1. OSI 七层模型

为了使全世界不同体系结构的计算机能够互连互通，国际化标准组织（ISO）提出了开放系统互联基本参考模型，即 OSI 七层模型，如图 1-1 所示。数据在两台计算机之间传输，发送方由应用层依次向下将数据通过不同的协议进行包装；接收方接收到数据从物理层依次向上拆分数据包，最终达到数据交互的目的。

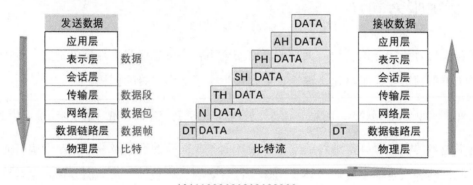

图 1-1　OSI 七层模型图

接下来，我们将对于 OSI 七层模型的每一层进行阐述。

- 物理层（physical layer）的作用是实现信号在两台相邻网络实体之间的传输。因此物理层协议需要定义通信的机械、电气和功能标准。例如二进制 1 和 0 在传输时的具体描述方法、物理接口每个针脚的作用等。物理层交换单元的名称是比特（bit）。

- 数据链路层（data link layer）的作用是为相连设备或处于同一个局域网中的设备实现数据的传输，并对传输的数据进行校验和控制。所以，数据链路层的协议会定义如何检测出数据在传输过程中出现的错误、如何向发送方确认接收到了数据、如何调节流量的发送速率等。数据链路层交换单元的名称是数据帧，即经数据链路层协议封装后的数据称为数据帧（frame）。

- 网络层（network layer）的作用是决定数据从源设备转发给目的设备的路径。由此可知，这一层的协议需要定义地址格式、寻址方式等标准。网络层交换单元的名称是数据包，即经网络层协议封装后的数据称为数据包（packet）。

- 传输层（transport layer）的作用是规范数据传输的功能和流程。因此，这一层的协议会针对是否执行消息确认、如何对数据进行分片和重组等制订标准。传输层的交换单元的名称是数据段，即经传输层协议封装后的数据称为数据段（segment）。

- 会话层（session layer）的作用是为完成双方交互信息而建立会话关系。这里涉及的工作包括确认通信方的身份、确认通信方可以执行的操作等。例如网络通信中的认证、授权等功能均属于会话层的服务。

- 表示层（presentation layer）的作用是既保证通信双方在应用层相互发送的信息可以相互解读，也保证双方在信息的表达方式上是一致的。例如加密解密、压缩解压、编码解码等均属于表示层的服务。

- 应用层（application layer）的作用是提供用户接口，因此应用层中包含了各类用户常用的协议。

2．TCP/IP 四层模型

OSI 模型与 TCP/IP 模型对比可见图 1-2。OSI 七层模型大而全，但是比较复杂，而且只有理论模型，没有实际应用。

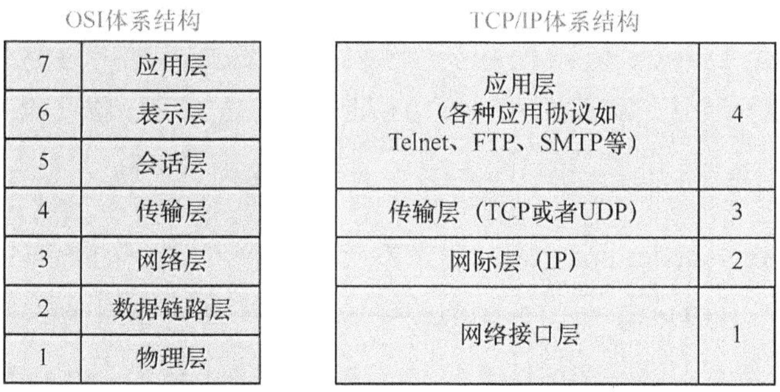

OSI体系结构		TCP/IP体系结构	
7	应用层	应用层 （各种应用协议如 Telnet、FTP、SMTP等）	4
6	表示层		
5	会话层		
4	传输层	传输层（TCP或者UDP）	3
3	网络层	网际层（IP）	2
2	数据链路层	网络接口层	1
1	物理层		

图 1-2　OSI 体系结构与 TCP/IP 体系结构

TCP/IP 四层模型是由实际应用发展总结出来的。它包含了应用层、传输层、网际层和网络接口层。不过从实质上来说，TCP/IP 四层模型只有最上面三层，最下面的网络接口层没有什么具体内容，也就是说，TCP/IP 四层模型没有真正描述这一层的实现，只是要求这一层能够给其上层（网际层）提供一个访问接口，以便向上传递 IP 数据包。

1.2.2 常见网络协议

常见的网络协议有 IP、DNS、ARP、HTTP 等。它们为整个互联网提供了联动的基础。下文中我们将简单介绍这些常见的网络协议。

IP（internet protocol，网际互连协议）是 TCP/IP 四层模型中的网际层协议。设计 IP 的目的有两个：提高网络的可扩展性，解决网络互连的问题，实现大规模异构网络的互连互通；将顶层网络应用和底层网络技术进行解耦，以便两者能独立发展。根据端到端的设计原则，IP 为主机提供一种无连接、不可靠的数据包传输服务。

DNS（domain name system，域名系统）是互联网的一项服务。它是一种可以将域名和 IP 地址相互映射并且以层次结构分布的数据库系统。DNS 系统采用递归查询的请求方式来响应用户的查询，为互联网的运行提供关键性的基础服务。目前绝大多数的防火墙和网络都会开放 DNS 服务，DNS 数据包不会被拦截，因此可以基于 DNS 建立隐蔽信道，从而顺利穿过防火墙，在客户端和服务器之间传输数据。

ARP（address resolution protocol，地址解析协议）是将 IP 地址解析为以太网 MAC 地址（或者称为物理地址）的协议。在局域网中，当主机或其他网络设备有数据要发送给另一个主机或设备时，它必须知道对方的 IP 地址。但是仅仅有 IP 地址是不够的，因为 IP 数据包必须封装成帧才能通过数据链路层发送，且发送端必须有接收端的物理地址，所以需要一个从 IP 地址到物理地址的映射。ARP 就是实现这个映射功能的协议。

HTTP（hypertext transfer protocol，超文本传输协议）是一个简单的请求/响应协议，也是一个应用层协议。HTTP 用于实现浏览器与 Web 服务器之间的通信。它指定了浏览器与 Web 服务器的通信方式，即浏览器怎样向 Web 服务器请求数据，以及服务器怎样将响应数据回复给浏览器。HTTP 是在网络上实现信息交换的重要基础协议。

1.2.3 Web 服务架构

Web 服务主要分为 C/S 架构和 B/S 架构。下面我们分别来看一下。

C/S 架构指客户/服务器架构，其中服务器负责计算，客户端负责与服务器进行互动。

C/S 架构具有以下优点：

○ 由于客户端与服务器的直接相连，没有中间环节，因此响应速度快；

○ 客户端为本地应用程序，运行效率更高；

○ 操作界面漂亮、形式多样，可以充分满足用户自身的个性化要求；

○ C/S 架构的管理信息系统具有较强的事务处理能力，能实现复杂的业务流程。

C/S 架构具有以下缺点：

○ 需要安装专门的客户端程序，分布功能弱，不能够实现快速部署安装和配置；

○ 兼容性差，针对跨平台的场景需要重新开发客户端，开发成本较高，且需要具有一定专业水准的技术人员才能完成。

B/S 架构指浏览器/服务器架构。在该架构中，不需要安装客户端软件，而是通过客户端的浏览器来访问服务器。这样一来，在系统升级或维护时，只需更新服务器端的软件即可。

B/S 架构具有以下优点：

○ 基于浏览器，具有统一的平台和 UI 体验；

○ 具有分布性特点，可以随时随地进行查询、浏览等业务处理；

○ 业务扩展简单方便，通过增加网页即可增加服务器功能；

○ 维护简单方便，只需要改变网页，即可实现所有用户的同步更新；

○ 开发简单，共享性强。

B/S 架构具有以下缺点：

- 个性化特点明显降低，无法实现个性化的功能要求；

- 操作基本以鼠标为主，无法满足快速操作的要求；

- 页面动态刷新，响应速度较慢；

- 功能弱化，难以实现传统模式下的特殊功能要求。

1.2.4　Web 服务构成与工作原理

一个最简单的静态 Web 系统由如下部分组成：

- Web 服务器；

- Web 浏览器；

- HTTP；

- HTML。

一个浏览器请求过程如图 1-3 所示。首先由客户端发起 DNS 域名解析，将访问的域名解析成 IP 地址。然后客户端向服务器发起 TCP 三次握手建立连接后，发送 HTTP 请求。服务器收到请求后回复 HTTP 响应数据包。浏览器解析通过 HTTP 响应数据包传输过来的 HTML 代码，最后浏览器对页面进行渲染，这就是一个浏览器请求的大致过程。

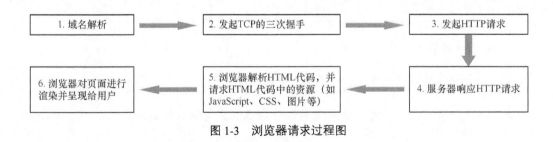

图 1-3　浏览器请求过程图

1.2.5　常见 Web 服务器组件

网站可以简单分为静态网站和动态网站。静态网站是通过单纯的 HTML 代码写的，通过固定代码直接展示网站效果；而动态网站是使用脚本语言进行编写的。相较于静态网站，动态网站在使用的时候更加灵活，用户不需要掌握代码编写能力，只需要按照固定的框架或者流程进行操作即可。

动态网站一般是由操作系统搭载 Web 应用程序后联动数据库构成的，一般情况下我们把搭载了 Web 应用程序的计算机称为 Web 服务器。接下来我们将介绍常见的操作系统、Web 服务器、数据库系统、动态网站脚本语言。

1．操作系统

操作系统是管理计算机硬件与软件资源的计算机程序。操作系统需要执行配置内存、决定系统资源供需的优先次序、控制输入设备与输出设备、操作网络与管理文件系统等基本事务。操作系统提供了一个让用户与系统交互的操作界面，让用户更加简单地使用计算机。现在市面上最常见的操作系统有两款：一款是交互界面比较好看的 Windows 系统，另一款是计算性能更加优秀的 Linux。下面我们简单介绍一下这两个操作系统。

- ○ Windows 是微软研发的一款操作系统，它问世于 1985 年，起初仅仅是 Microsoft-DOS 模拟环境，后续微软不断地更新升级系统版本，它也因其易用性慢慢地成为人们最喜爱的操作系统。Windows 采用了图形操作界面，比从前手动输入命令的方式更为人性化。随着计算机硬件和软件的不断升级，微软的 Windows 也在不断升级，架构从 16 位到 32 位再到 64 位，系统版本从最初的 Windows 1.0 到大家熟知的 Windows 95、Windows 98、Windows ME、Windows 2000、Windows 2003、Windows XP、Windows Vista、Windows 7、Windows 8、Windows 8.1、Windows 10 和 Windows Server 服务器企业级操作系统。

- ○ Linux 是一款可免费使用和自由传播的类 UNIX 操作系统，由世界各地成千上万的程序员共同设计和实现。Linux 系统有如下特点：开放性、多用户、多任务、良好的用户界面、设备独立性、网络功能丰富、系统安全可靠、良好的可移植性和稳定性。目前市面上常见的 Linux 系统有 RedHat、SUSE、Ubuntu、CentOS、Kali 等。

2．Web 服务器

现在使用最多的 Web 服务器有 IIS、Apache、Nginx、WebLogic、Tomcat、JBoss 等，这些 Web 服务器各有优劣，所以用户可以针对自己的使用场景来选择不同的服务器。下面我们简单介绍一下这些 Web 服务器。

- IIS（Internet Information Services）是微软提供的互联网服务，其中包括 Web、FTP、SMTP 等服务器组件。

- Apache 是全球用得最多的 Web 服务器，市场占有率达 60%。世界上很多著名的网站都基于 Apache。Apache 的成功之处主要在于它的源代码开放，支持跨平台的应用（可以运行在几乎所有的系统平台上）以及可移植性好等。

- Nginx 是一款轻量级的 Web 服务器/反向代理服务器及电子邮件（IMAP/POP3）代理服务器。Nginx 的特点是占有内存少、并发能力强。当前，国内使用 Nginx 服务器的厂商有百度、京东、新浪、网易、腾讯、阿里巴巴等。

- WebLogic 是一个基于 Java EE 架构的中间件。WebLogic 是用于开发、集成、部署和管理大型分布式 Web 应用、网络应用和数据库应用的 Java 应用服务器。

- Tomcat 是一个免费的开放源代码的 Web 应用服务器，属于轻量级应用服务器，普遍用于中小型系统和并发访问用户不是很多的场合，是开发和调试 JSP 程序的首选。

- JBoss 是一个开放源代码的应用服务器。JBoss 代码遵循 LGPL 许可，可以在任何商业应用中免费使用。但 JBoss 的核心服务不包括支持 Servlet/JSP 的 Web 容器。

3．数据库系统

数据库系统是为适应数据处理的需要而发展起来的一种较为理想的数据处理系统，也是一个为实际可运行的存储、维护和应用系统提供数据的软件系统，是存储介质、处理对象和管理系统的集合体。下面我们简单介绍一下常见的数据库系统。

- Access 是由微软发布的关系数据库管理系统。它结合了 Microsoft Jet Database Engine 和图形用户界面两项特点，是 Microsoft Office 的系统程序之一，通常与 IIS

和 ASP 脚本语言搭配使用。

○ MySQL 是一款开放源代码的关系数据库管理系统，是最常用的数据库管理语言，通常与 Apache 和 PHP 脚本语言搭配使用。

○ Oracle 是甲骨文公司的一款关系数据库管理系统。它是一款在数据库领域一直处于领先地位的产品，具有系统可移植性好、使用方便、功能强的优点，适用于各种规模的企业环境。它提供了一种高效率的、可靠性好的、适应高吞吐量的数据库方案。

○ Redis，即远程字典服务，是一款开源的分布式数据库，适用于多种编程语言，是目前大型系统用得比较多的数据库系统。

○ MongoDB 是一款介于关系数据库和非关系数据库之间的产品，是非关系数据库当中功能最丰富、最像关系数据库的一款数据库系统。

4．动态网站脚本语言

常见的动态网站脚本语言有 ASP、PHP、JSP 和 JavaScript。下面我们简单介绍一下这些动态网站脚本语言。

○ ASP（active server pages，活动服务器网页）是微软开发的代替 CGI（common gateway interface，公共网关接口）脚本程序的一种应用，它可以与数据库和其他程序进行交互，是一种简单、方便的编程工具。ASP 的网页文件的格式是.asp，常用于比较老的网站。

○ PHP（page hypertext preprocessor，页面超文本预处理器）是在服务器端执行的脚本语言，尤其适用于 Web 开发并可嵌入 HTML 中。PHP 语法使用了 C、Java 和 Perl，其网页文件的格式是.php，常用于中小型网站。

○ JSP（Java server page，Java 服务器页面）是一种动态网页技术标准。JSP 部署于网络服务器上，可以响应客户端发送的请求，并根据请求内容动态地生成 HTML、XML 或其他格式的 Web 网页，然后返回给请求者。JSP 最常用于大型网站。

○ JavaScript 是一种具有函数优先的轻量级解释型或即时编译型的编程语言。它作为开发 Web 页面的脚本语言而出名，是一门前端语言，常用于各类网站。

1.3 安全基础

网络安全指网络系统的硬件、软件及其系统中的数据受到保护，不因偶然的或者恶意的原因而遭到破坏、更改、泄露，从而保证系统连续可靠地正常运行，且网络服务不中断。安全服务离不开安全服务工具的帮助，常见的安全服务工具包括但不限于下面这些。

1.3.1 深信服安全评估工具

传统的服务项目安全评估工具主要用于安全服务项目的交付，由于在交付传统的服务项目时，通常采用人工方式或第三方厂商产品，因此交付效率低下，并且第三方厂商产品的可控性和灵活性差，及时支撑能力弱。为支持安全服务项目交付，深信服开发了安全评估工具 TSS，主要功能包括资产识别、系统漏洞查找、Web 漏洞查找、弱口令检测和基线核查等。

1.3.2 Nmap 端口扫描工具

Nmap 一直是网络发现和攻击界面测绘的首选工具，从主机发现和端口扫描，到操作系统检测，Nmap 是不少黑客爱用的工具之一。

系统管理员可以利用 Nmap 来探测工作环境中未经批准使用的服务器，黑客也会利用 Nmap 来搜集目标计算机的网络设置，从而进行有针对性的攻击。

Nmap 通常用在信息搜集阶段，用于搜集目标主机的基本状态信息，其扫描结果可以作为漏洞扫描、漏洞利用和权限提升阶段的输入。例如，业界流行的漏洞扫描工具 Nessus 与漏洞利用工具 Metasploit 都支持导入 Nmap 的 XML 格式的结果，而 Metasploit 框架内也集成了 Nmap 工具（支持 Metasploit 直接扫描）。

Nmap 不仅可以用于扫描单个主机，也可以用于扫描大规模的计算机网络（例如扫描网络中数万台计算机，从中找出感兴趣的主机和服务）。

1.3.3 sqlmap 数据库注入工具

sqlmap 是一款开源软件，用于检测和利用数据库漏洞，并提供恶意代码注入工具，它还可以自动检测和利用 SQL 注入漏洞。该软件在命令行中运行，而且针对不同的操作系统提供了不同的版本。

除了发现和检测漏洞，该软件还可以访问数据库、编辑和删除数据以及查看表格中的数据，如用户、密码、备份、电话号码、电子邮件地址、信用卡和其他机密或敏感信息。

sqlmap 支持多种数据库，包括 MySQL、Oracle、PostgreSQL、Microsoft SQL Server、Microsoft Access、IBM DB2、SQLite、Firebird 和 SAP MaxDB。sqlmap 全面支持所有注入技术，如布尔注入、报错注入、堆叠注入、时间注入、联合注入等。

1.3.4 AWVS 网站漏洞扫描工具

AWVS（Acunetix Web Vulnerability Scanner）是一款知名的网络漏洞扫描工具，它可以通过网络爬虫测试网站的安全性，并检测常见的安全漏洞，如 SQL 注入漏洞、跨站脚本攻击漏洞、目录遍历漏洞等。

1.3.5 Burp Suite 网站安全测试工具

Burp Suite 是一个为渗透测试人员开发的集成平台，用于测试和评估 Web 应用程序的安全性。它非常易于使用，并且具有高度的可配置性。除了代理服务器、Scanner（扫描器）和 Intruder（入侵者）等基本功能，该工具还包含更高级的选项，如 Spider（爬虫）、Repeater（中继器）、Decoder（解码器）、Comparer（比较器）、Extender（扩展器）和 Sequencer（测序器）。

1.3.6 Metasploit 漏洞验证工具

Metasploit 是一款开源的安全漏洞检测框架，内置几千个攻击脚本，只使用该框架就可以一键调用攻击脚本。Metasploit 可以帮助安全从业人员识别安全性问题，验证漏洞的缓解措施，并对管理专家驱动的安全性进行评估，提供真正的安全风险情报。该工具的功能包括智能开发、代码审计、Web 应用程序扫描、社会工程学等。

Metasploit 框架具有良好的可扩展性，它的控制接口负责发现漏洞、攻击漏洞、提交漏洞，而且还可以通过一些接口加入报表工具等。Metasploit 框架可以从一个漏洞扫描程序中导入数据，使用关于有漏洞主机的详细信息来发现可攻击漏洞，然后使用有效载荷对系统发起攻击。所有这些操作都可以通过 Metasploit 的 Web 页面进行管理，而这只是其中一种管理接口，Metasploit 还有命令行工具和一些商业工具。

攻击者可以将漏洞扫描程序的结果导入 Metasploit 框架的开源安全工具 Armitage 中，然后通过 Metasploit 的模块来确定漏洞。一旦发现了漏洞，攻击者就可以采取一种可行的方法攻击系统，如通过 Shell 或启动 Metasploit 的 Meterpreter 来控制这个系统。

1.3.7　Nessus

Nessus 是一款系统漏洞扫描与分析软件，总共有超过 75 000 个机构使用 Nessus 作为扫描计算机系统漏洞的软件。

Nessus 采用客户/服务器架构，其中客户端提供了运行在 X Window 下的图形界面，接受用户的命令并与服务器通信，传送用户的扫描请求给服务器，然后由服务器启动扫描并将扫描结果呈现给用户。用户可以使用 Nessus 对自己的服务器或者操作系统进行周期性扫描，实时发现自己操作系统的漏洞，并且按照扫描器的加固指南进行加固，以保证操作系统的安全。

第 2 章
风险评估服务

随着互联网的飞速发展和信息技术的广泛应用，以及信息化进程的不断深入，大数据、云计算、人工智能等新兴技术与我们的关系越来越密切。

科技变革给人们的生活带来诸多便利的同时，也带来了更深层次的信息安全隐患和安全挑战。纵观近几年国内外网络与信息安全态势，可以轻易发现网络安全事件的发生频率整体呈上升趋势。勒索病毒、挖矿病毒、CPU 熔断/幽灵漏洞、可延续几年的 APT（advanced persistent threat，高级持续性威胁）攻击、暗网传播的大量 0day 漏洞，以及与每个人息息相关的个人信息泄露等威胁，让众多大型互联网公司纷纷中招。这些安全事件时时刻刻提醒我们要加强网络与信息安全工作。

同时，国家于 2017 年 6 月 1 日出台的《中华人民共和国网络安全法》，从法律的层面明确了网络运营者的相关职责，要求网络运营者每年至少进行一次安全风险评估，并且要求从风险的角度全面发现网络与信息安全工作中存在的不足，以及日常工作中难以察觉的安全隐患。《中华人民共和国网络安全法》在要求运营者满足法律法规要求的同时，也能让其清晰地了解企业的安全现状，以辅助企业管理层进行决策，规划后续的风险整改工作，降低安全事件发生的可能性，从而保障信息系统安全、稳定和可持续的运行。

2.1 风险评估介绍

风险评估（risk assessment）是指对某一风险事件发生之前或之后（但还没有结束时）

对人的生命和财产的影响与损失可能性的定量评估。也就是说，风险评估是对一个事件或事物可能造成的影响或损失的程度进行量化。

从信息安全的角度来看，风险评估是对信息资产（即某一事件或事物的信息集合）所面临的威胁、影响和存在的弱点，以及三者综合作用所带来的风险可能性的量化。风险评估作为风险管理的基础，是组织确定其信息安全需求的重要方式，属于组织信息安全管理体系规划的过程。

2.1.1　风险评估的现状与标准

信息安全风险评估服务为客户提供全面的信息安全咨询和风险评估服务。如果说风险评估是风险管理的基石，那么安全管理监控是风险管理的过程实施。简单的技术评估并不能充分揭示信息安全风险，如果没有详细的技术检查手段的管理，评估也将成为无本之末，技术和管理是两个不可分割的方面。同时，应用系统本身的安全性也是风险管理的重要组成部分。

信息安全风险评估服务以技术评估、管理评估和综合评估为基础。客户可以充分了解组织内部的信息安全情况，尽快发现存在的问题。同时，根据安全专家的建议，客户可以在降低风险、承担风险和转移风险方面做出正确的选择。

信息安全风险评估服务是指综合国内外相关标准和行业最佳实践，为客户清晰展示安全风险、信息系统安全现状，提供公正客观的数据以供决策参考；为客户下一步控制和降低安全风险、提高信息系统安全性和对信息系统实施风险管理提供依据；为客户后续的信息安全工作提供支持的服务。风险评估可以帮助客户从技术、管理等方面调查基础网络建设，达到知己知彼，从而顺利进行信息系统的安全规划、设计和建设。风险评估可以加强组织各级对信息安全工作的认识和理解，提高组织各级的信息安全意识，为规范和系统地提高组织整体信息安全水平提供有效的方法。

1．全球风险评估发展及现状

美国是最早开展计算机安全研究的国家，因此一直主导着信息安全技术和理论的发展。可以说，美国在信息安全评估理论和方法上的研究，代表该领域在国际上的最新发展。

美国从 1967 年开始研究计算机安全问题。从 1967 年 11 月至 1970 年 2 月，美国国防科学委员会委托兰德公司等多个与国防工业有关的公司，主要对当时的大型机、远程终端进行了研究和分析，用将近两年半的时间完成了第一次比较大规模的风险评估。在此基础上，经过近 10 年的研究，美国国家标准局（美国国家标准与技术研究院的前身）在 1979 年颁布了一个风险评估的标准，从此拉开了信息安全风险评估理论和方法研究的序幕。1992 年，美国联邦政府出台一系列文件，这一系列文件最终演化为 1999 年的国际标准 ISO/IEC 15408。

跨入 21 世纪，互联网及其应用高速发展，与此同时全球出现了大量黑客攻击、信息战，相关理论也逐步发展起来，美国的军事、政治、经济和社会活动对信息基础设施的依赖程度达到了空前的高度。在此环境下，美国又开始了对信息系统的新一轮评估和研究，并产生了一些新的概念、法规和标准。从 2002 年 1 月开始，美国国家标准与技术研究院发布了一系列有关风险评估的文档。

虽然美国引领了网络和信息技术的发展，但是目前被大多数国家认可和使用的网络和信息安全方面的标准 ISO/IEC 17799:2005 却来自英国。

我国的情况比较简单，由于关于安全风险评估的研究起步较晚，目前国内整体处于起步和借鉴阶段，对安全风险评估标准的研究还处于跟踪国际标准的初级探索阶段。国家质量技术监督局于 2001 年依据国际标准颁发的准则制定了《信息安全技术 信息安全风险评估规范》（GB/T 20984-2007）和《信息安全风险管理指南》。

当前我国正在推动的"信息系统安全等级保护"也是进行信息安全评估的一种重要形式，其重要性不亚于 20 世纪 60 年代初美国用两年半的时间进行的第一次全美国范围内的大规模的风险评估。

信息系统安全等级保护工作在我国的状况与美国于 2002 年颁布的《联邦信息安全管理法案》有相似之处，该法案试图通过采取适当的安全控制措施来保证联邦机构的信息系统的安全性，是美国信息安全领域的一个重要发展计划。

2．风险评估的相关标准

在信息安全行业，风险评估不再是一个陌生的话题。近年来，各种信息安全服务厂商完成的风险评估项目不在少数，风险评估是几乎所有的信息安全服务厂商的核心业务。

风险评估的核心不止是理论，更是实践。风险评估的实际工作是非常困难的，据国外统计，只有60%的风险评估是成功的。风险评估在我国面临着更多的挑战，需要大家先掌握理论基础，了解风险评估的相关标准。

2.1.2　风险评估目的

风险评估是识别和分析网络和信息系统相关过程中的风险，依据相关技术标准评估信息系统的脆弱性和威胁，评估信息系统使用的可能性以及由其处理、传输和存储的信息的保密性、完整性和可用性所产生的实际负面影响，并以此来识别信息系统安全风险的过程。

风险评估的目的是分析信息系统的安全状况，它依赖于网络和信息系统，旨在充分理解和掌握信息系统面临的安全威胁和风险，并提出该采取什么有效的措施来降低威胁发生的可能性、减小威胁发生后的影响和降低信息系统的脆弱性，从而降低风险至可接受水平。我们可以通过风险评估定期了解信息系统的安全防护水平，为以后的安全规划和建设留存原始依据，也为以后的其他工作提供参考。

接下来我们就风险评估服务能给客户带来的价值进行说明。

1．资产识别

风险评估能帮助客户对组织内的资产进行梳理，如帮助梳理在传统资产梳理过程中容易被忽视的数据资产和服务资产，使客户从原来的固定资产保护升级到信息资产保护。

风险评估还能帮助客户对组织内的资产进行分级管理，通过定量分析明确每个信息系统对客户的重要性，并有效整合信息系统的安全需求，更好地提高客户在有限资源环境下的信息安全水平。

2．平衡安全风险与成本

风险评估在实施的过程中，既能安全、全面地保护客户资产，又能平衡安全风险和成本。信息安全工作的核心目标是在资源消耗最少的情况下，实现最高水平的安全建设。通过发现问题、管理风险和优化规划，可以避免出现让客户投入大量资源，但安全改进工作仍然改善缓慢的情况。

3. 风险识别

风险评估可以全面梳理客户关键信息资产、识别资产重要性，明确它们所面临的威胁以及所面临威胁的方式和手段，便于有针对性地进行保护。

风险评估可以帮助客户了解网络和信息系统的安全状况，全面分析客户信息系统中存在的各种安全问题，通过各种技术手段完成扫描、渗透测试和人工审查，同时发现安全问题与信息资产的重要性，说明当前的安全风险。

风险评估可以帮助客户了解自身信息安全管理的漏洞。通过访谈、问卷调查等方式，可以帮助客户管理人员了解现行信息安全管理制度是否存在漏洞、正式发布的安全管理制度是否得到实施。

4. 建设指导

风险评估通过专业的安全技术和安全专业人员，能够及时、全面地掌握客户 IT 环境的安全状况和风险，并提出降低风险的改进建议，从而为客户的信息安全规划建设、安全技术体系建设、安全管理体系建设等奠定基础。

风险评估通过分析网络和信息系统漏洞造成的威胁，可以提供有效的安全加固和改进措施。借助于国内外专业技术分析的支持，安全服务团队可以获得第一手关于网络和信息系统弱点的信息，并在此基础上为客户提供及时、真实的漏洞信息，并提供有效的漏洞加固建议和改进措施。

定期的风险评估有助于客户了解组织信息安全的改进和发展方向，为未来信息系统安全规划和建设提供参考依据。风险评估服务通过分析和识别安全风险，能够平衡安全风险和安全成本，为客户提供专业的信息安全规划和建设建议，为客户未来的信息安全工作提供重要的参考依据。

风险评估帮助客户建立信息安全风险管理机制，为客户管理网络和信息系统的安全风险奠定了基础，并帮助客户在降低风险、承担风险和转移风险方面做出最佳选择。

5. 业务保障

风险评估可以帮助客户及时发现和修复网络及信息系统的安全问题，将安全风险降低到可接受的范围内，并对安全风险进行有效的管理，确保客户组织信息系统的稳定运行和业务的连续性。

风险评估可以防止客户信息安全事故的发生，确保其业务的连续性，保护客户资产和重要信息，防止系统的安全隐患被再次恶意使用，避免企业经济损失不断加大。

2.1.3　风险评估方式

风险评估的方式有自我评估、检查和评估、委托评估 3 种。下面我们分别对这 3 种方式进行简单的介绍。

- ○　自我评估是由被评估信息系统的所有者发起的风险评估活动，所有者参考国家法规和标准对自身的资产进行风险评估。

- ○　检查和评估通常由被评估信息系统的所有者的上级主管或业务主管发起的，基于已颁布的法规或标准的强制性检查活动，是通过行政手段加强信息安全的重要措施。

- ○　委托评估是由被评估信息系统的所有者发起委托，由专业安全服务组织接受委托后进行的风险评估。专业安全服务组织也是参考国家法规和标准进行评估。

2.1.4　风险评估原则

为保证信息系统的正常运行，并且保证风险评估效果，评估工作需严格遵循以下原则。

- ○　标准化原则：严格遵守国内外的相关法规、标准和行业标准来实施评估工作。

- ○　业务主导原则：风险评估主要围绕信息系统所承载的业务开展，其保障核心是信息系统所承载的业务和业务数据，这种以业务为核心的思想将贯穿风险评估的各个阶段。

- ○　规范性原则：制订严谨的工作方案，通过规范的项目管理，在人员、项目实施环节、质量保障和时间进度等方面进行严格管控。

- ○ 保密性原则：确保涉及客户的任何保密信息不会泄露给第三方单位或个人，不得利用这些信息损害客户利益。

- ○ 最小影响原则：将评估工作对系统和网络的正常运行可能造成的影响降到最低程度，不会对网络系统和业务应用的正常运行产生显著影响，同时在开展评估前做好备份、部署好应急措施。

- ○ 互动性原则：与客户（安全管理员、系统管理员、普通用户等相关人员）共同参与评估工作实施的整个过程，从而保证评估工作执行的效果并提高客户的安全技能和安全意识。

2.1.5 风险评估方法

在风险评估过程中，将采用 3 种操作方法：基于知识的分析方法、定性分析方法和定量分析方法。通过综合使用 3 种评估方法，可找出客户信息资产面临的安全隐患及其影响，以及目前安全水平与实际安全需求之间的差距。

1．基于知识的分析方法

基于知识的分析方法又称作经验方法，它是对来自类似组织（规模、商务目标和市场等类似）的“最佳案例”的重用，适合一般的信息安全组织。

采用基于知识的分析方法，风险评估实施人员不需要付出很多的精力、时间和资源，只要通过多种途径采集相关信息，识别信息系统的风险所在和当前的安全防护水平，与特定的标准或最佳案例进行比较，找出不符合的地方，并按照标准和最佳案例的推荐选择安全措施，最终达到消减和控制风险的目的。

2．定性分析方法

定性分析方法是目前采用最广泛的一种方法，它带有很强的主观性，往往需要凭借分析者的经验和直觉，或者业界的标准和惯例，为风险管理诸要素（资产价值、产生威胁的可能性、弱点被利用的容易程度、现有安全防护的效力等）的大小或高低程度定性分级，如将风险管理的要素分为“极高”“高”“中”“低”“极低”5 级。

定性分析的操作方法可以多种多样，包括小组讨论、检查列表、问卷调查、人员访谈等。定性分析要求分析者具备一定的经验和能力，操作起来相对容易。

3．定量分析方法

定量分析是指通过量化评估的基本要素的定性分析情况，实现对评估各类要素的度量数值化（如分为 1~5 这 5 个等级），进而精确计算系统的风险值，根据数值区分风险程度并判定风险是否可接受。相比前两种方法，定量分析更具客观性。

2.2　服务详情

信息安全风险评估服务包含评估模型、评估方法和评估范围。下面我们来具体讲解。

2.2.1　评估模型

风险评估围绕资产、威胁、漏洞和安全措施等基本要素展开。在评估基本要素的过程中，要充分考虑与这些基本要素相关的各种属性，如业务策略、资产价值、安全需求、安全事件、残余风险等。在图 2-1 中，存在如下依赖关系。

- ○ 企业业务战略的实现依赖于资产，且依赖程度越高，风险越小。
- ○ 资产是有价值的，组织的经营战略对资产的依赖程度越高，资产价值越大。
- ○ 风险是由威胁引起的，资产面临的威胁越多，风险就越大，也越可能演变成安全事件。
- ○ 资产的脆弱性会暴露资产的价值，资产越脆弱，风险越大。
- ○ 脆弱性是一种未得到满足的安全需求，脆弱性可能会危害资产。
- ○ 风险的存在及对风险的认识可导出安全需求。
- ○ 安全需求可通过安全措施得以满足，需要结合资产价值考虑实施成本。
- ○ 安全措施可抵御威胁，降低风险。

○ 残余风险中，有些是安全措施不当或无效，需要加强才可控制的风险；有些则是在综合考虑了安全成本与效益后决定不去控制的风险。残余风险应受到密切监视，它可能会在将来诱发新的安全事件。

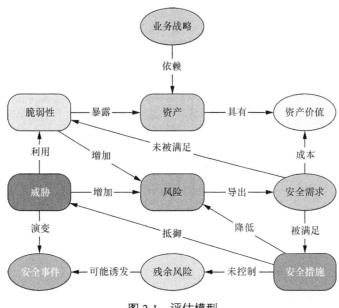

图 2-1　评估模型

2.2.2　评估方法

通常情况下，风险评估服务中的评估方法可以分为访谈调研、人工审计、工具扫描和渗透测试 4 种，如图 2-2 所示。

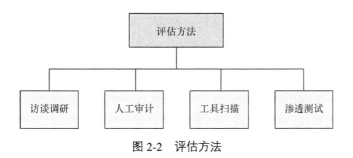

图 2-2　评估方法

1．访谈调研

访谈调研是收集现有资产的业务系统、IT 规划、管理系统、原始项目文档等信息的安全结果，并对收集的文档进行深入分析，整理业务系统的安全状态。然后，根据对现有文档的分析和整理的结果，制作相关调查表，作为信息资产调查信息的补充。

要进行访谈调研，需要先列出采访提纲，再采访相关人员。通过人员访谈可以了解人员的安全意识、安全管理程度、安全技术掌握程度，并收集大量有用的信息，全面了解信息系统的安全需求，深入了解各级被评估方的安全状况。

2．人工审计

人工审计只对被评估对象进行运行状态和配置检查，这样不会给信息系统的其他设备和资源带来任何影响，而且对被评估对象资源的占用也少于评估工具。人工审计完成后，将生成人工审计报告，人工审计报告也将成为整体安全评估报告的重要数据来源和结论依据。

对局部安全进行人工审计是必要的。要想进行人工审计，实施人员需要具备非常多的安全知识、安全技术和安全经验，因为他们必须了解最新的安全漏洞，掌握各种先进的安全技术并积累丰富的经验。在评估中我们通过这种方法，可以对所有对象进行最有效、最完整的安全评估，并提供最合理、最及时的安全建议。

3．工具扫描

工具扫描是利用各种商用安全评估系统或扫描仪，根据其内置的评估内容、测试方法、评估策略和相关数据库信息，针对从内部系统到主机、网络、数据库等设置一系列检查，使其能够防范潜在的安全隐患，如弱口令、用户权限、用户账户错误设置、关键文件权限设置、路径设置、密码设置、网络服务配置、应用可信度、服务器设置和其他包含攻击嫌疑的内容等。它还可以发现黑客入侵系统的迹象，并提出修复建议。

工具扫描最突出的优点是可以通过软件自动评估，速度快，效率高。工具扫描部分采用基于应用和网络的扫描软件进行。应用扫描主要是基于现有知识库的安全漏洞，检测网络协议、网络服务、网络设备、应用系统等信息资产中存在的安全风险和漏洞。网络扫描主要是依赖网络安全扫描工具的安全漏洞库进行扫描和匹配，其特点是扫描目标覆盖广泛的安全漏洞，并且评估环境和被评估对象在线运行环境完全一致，可以反映现有系统的安全威胁。

4．渗透测试

渗透测试是一种从攻击者的角度，在不破坏现有信息系统的前提下，模拟攻击者的攻击来对主机系统的安全程度进行安全评估的测试。渗透测试通常采用一种非常明显、直观的方式来反映系统的安全状态。这种方法越来越受到国内外信息安全行业的认可和重视。为了了解服务系统的安全状态，我们将在许可和控制范围内对应用系统进行渗透测试。渗透测试是安全评估的一个重要部分。

工具扫描和渗透测试是对其他评估工作的重要补充。工具扫描具有良好的效率和速度，但存在一定的误报率，无法发现高层次、复杂的安全问题；渗透测试需要高层次的人力资源和专业知识，但它非常准确，可以识别出更多的逻辑漏洞和更深层次的弱点。

2.2.3　评估范围

风险评估基本上是从技术评估维度和管理评估维度进行的，而技术评估维度又可以从以下几个角度进行评估。

❑ 物理环境评估的对象是物理环境基础设施。物理环境评估主要是从机房场地、机房防火、机房供配电、机房防静电、机房接地与防雷、电磁防护、通信线路的保护、机房区域防护、机房设备管理等方面进行识别评估。

❑ 网络结构评估的对象是网络及安全设备（交换机、路由器、防火墙、入侵检测设备、安全审计设备等）。网络结构评估主要是从网络结构设计、边界保护、外部访问控制策略、内部访问控制策略、网络设备安全配置等方面进行识别评估。

❑ 主机及数据系统评估的对象是操作系统和数据库系统（如 Windows、Linux、UNIX、Oracle、Informix、IBM DB2、SQL Server、MySQL 等）。主机及数据系统评估主要是从补丁安装、物理保护、用户账号、口令策略、资源共享、事件审计、访问控制、新系统配置、注册表加固、网络安全、系统管理等方面进行识别评估。

❑ 应用系统评估的对象是应用中间件（IIS、Apache、Tomcat、WebLogic 等）和应用系统软件。应用系统评估主要是从审计机制、审计存储、访问控制策略、数据完整性、通信、鉴别机制、密码保护、脚本漏洞等方面进行识别评估。

○ 业务流程评估的对象是业务流程。业务流程评估主要是依据业务流程中的数据流评估被评估方的业务流程，识别被评估方业务流程的安全隐患。

管理评估维度则可以从以下角度进行评估。

○ 安全管理制度一般是文档化的，内容包括策略、制度、规程、表格和记录等，构成一个"塔"结构的文档体系。我们需要对安全管理制度的制定、发布、评审、修订进行评估，从而保障安全管理制度能有效落地。

○ 安全管理机构包括安全管理的岗位设置、人员配备、授权和审批、沟通和合作等方面的内容，严格的安全管理应该由相对独立的职能部门和岗位人员来完成。安全管理机构从组织上保证了信息系统的安全。

○ 人员安全管理包括信息系统用户、安全管理人员和第三方人员的管理，覆盖人员录用、人员离岗、人员考核、安全意识教育和培训、第三方人员管理等方面内容。工作人员直接运行、管理和维护信息系统的各种设备、设施和相关技术手段，信息系统与他们直接发生关联。因此，他们的知识结构和工作能力直接影响信息系统各层面的安全。

○ 系统建设管理包括系统定级、安全风险分析、安全方案设计、产品采购、自行软件开发、外包软件开发、工程实施、测试验收、系统交付、安全测评、系统备案等信息系统安全等级建设的各个方面。信息系统的安全是一个过程，是一项工程，它不仅涉及当前的运行状态，而且还关系信息系统安全建设的各个阶段。只有确保信息系统安全建设的各个阶段安全，才能保证运行中的信息系统安全。

○ 系统运维管理包括运行环境管理、资产管理、介质管理、设备使用管理、运行监控管理、恶意代码防护管理、网络安全管理、系统安全管理、密码管理、变更管理、备份和恢复管理、安全事件处置和应急计划管理等方面内容。系统运维各个方面都直接关系相关安全控制技术能否正确、安全地配置和合理地使用。对信息系统运维各个方面提出具体的安全要求，可以为工作人员进行正确管理和运行提供工作准绳，这也直接影响到整个信息系统的安全。

2.3 服务流程

风险评估服务主要分为以下几个评估过程，如图 2-3 所示。

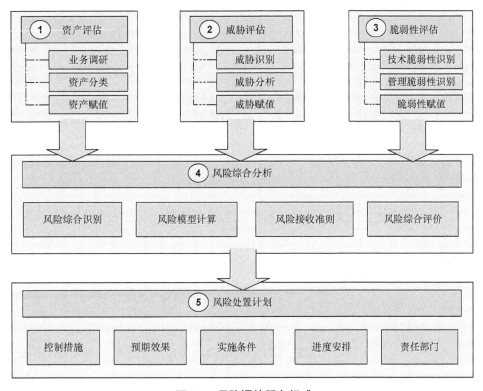

图 2-3　风险评估服务组成

- ❍ 资产评估：对评估范围内的所有资产进行识别，并调查资产破坏后可能造成的损失，根据危害和损失的大小为资产进行相对赋值。资产包括硬件、软件、服务、信息和人员等。

- ❍ 威胁评估：分析资产所面临的每种威胁发生的频率。威胁包括环境因素和人为因素。

- ❍ 脆弱性评估：从管理与技术两个方面发现和识别脆弱性，根据威胁被利用时对资产造成的损害进行赋值。

- 风险综合分析：通过分析上述测试数据，进行风险值计算，识别和确认高风险，并针对存在的安全风险提出整改建议。

- 风险处置计划：通过风险分析结果确定相应的处置方案、时间及责任部门。

2.3.1 评估准备

风险评估准备阶段是整个风险评估过程有效性的保证。组织实施风险评估是一种战略考虑，其结果将受到组织的业务战略、业务流程、安全要求、系统规模和结构的影响。因此，在实施风险评估之前，我们需要确定风险评估的目标和范围，进行系统性的研究，制订风险评估计划，并获得被评估方对风险评估工作的支持。风险评估准备阶段主要的服务内容以及成果如下。

1. 服务内容

在整个风险评估服务的评估准备阶段，我们需要确定风险评估的目标和范围、通过系统调研确定评估对象、制定风险评估计划等这会产生一系列的服务成果，我们对每一项都进行详细介绍。

首先是确定风险评估的目标与范围。根据组织业务可持续发展的安全需要和法律法规，判断现有信息系统和管理的不足，以及可能存在的风险。风险评估的范围可以包括组织、与信息处理有关的各种资产和管理机构的全部信息，或者是独立的信息系统、关键业务流程、与被评估方知识产权有关的系统和部门等。

然后是通过系统调研确定评估对象。系统调研是确定被评估对象的过程，风险评估小组应进行充分的系统调研，为风险评估的依据、评估方法的选择、评估内容的实施奠定基础。调研内容至少应包括业务战略与管理体系、主要业务功能与需求、网络结构与网络环境、内部连接与外部连接、系统边界、主要硬件、软件、数据与信息、系统与数据的敏感度、系统人员的支持与使用等。

最后是制订风险评估计划。风险评估计划的目的是为后续的风险评估实施提供总体计划，并指导实施者开展后续工作。风险评估计划的内容一般包括下面这些。

- 团队组织，包括评估团队成员、组织结构、角色、职责等。

- 工作计划，即风险评估各阶段的工作计划，包括工作内容、工作形式和工作结果。

- 时间表，即项目实施的时间表。

上述所有内容可通过召开启动会的形式确定，应形成相对完整的风险评估实施计划，并得到被评估方的支持和批准；应与管理和技术人员沟通，在组织范围内培训风险评估的相关内容，明确相关人员在风险评估中的任务；参与评估工作的人员应签署保密协议、入网申请等工作责任书，确保工作流程合理合规，确保客户有依有据。

2．成果

在上述环节结束之后，会产生一系列成果，如《保密协议书》《服务确认及风险告知书》等责任书，以及《安全风险评估方案及计划》《安全风险评估工作启动会议纪要》《项目启动会纪要》等文档。

2.3.2 资产评估

风险评估服务中的资产评估阶段，是用来识别被评估系统的关键资产的。在资产识别过程中，我们需要详细识别关键资产的安全属性，识别资产受到泄露、中断、损坏等攻击时的影响，并根据资产受到的影响分配资产的价值。我们接下来针对整个资产识别阶段的服务内容、配合结果以及成果进行说明。

1．服务内容

资产评估阶段的服务内容主要体现在资产收集阶段、区分资产重要性阶段、重点资产估值阶段等。

首先是资产收集阶段。评估方可以通过《资产识别清单》收集被评估资产的相关信息。在进行信息资产识别时，评估方需要确认所收集的资产名称、业务描述、责任人等信息是无误的。在进行资产收集时，主要收集的内容包括业务应用（信息系统）、文档和数据（网络拓扑图、资产台账、信息系统相关文档、信息系统数据库数据）、软硬件资产（服务器设备、安全设备、存储设备、系统软件、应用软件等）、物理环境（机房等）、组织管理（规章制度等）。

评估方特别需要注意的是，被评估方的网络拓扑图作为一项重要资产，能比较直观地体现被评估方的网络结构，后期评估网络结构的脆弱性时也主要通过网络拓扑图分析得出。

然后是区分资产重要性阶段。评估方需要将已梳理核对的《资产识别清单》交由被评估方，由被评估方根据其业务情况对资产的实际依赖程度区分重要资产与非重要资产。

最后是重要资产估值阶段。根据被评估方区分的资产重要性结果，针对重要的资产进行估值。资产估值是一个主观的过程，资产估值不是以资产的账面价格来衡量的，而是指其相对价值。在对资产进行估值时，不仅要考虑资产的成本价格，更重要的是考虑资产的附加价值（例如服务器估值时不仅要考虑服务器本身，还需考虑依附在服务器上的系统、业务数据等）和对于组织业务战略的重要性，即根据资产的 CIA（保密性、完整性、可用性）三性遭受破坏所产生的影响来决定。在此我们将资产的价值由低到高分为 1～5 这 5 个级别，鉴于此阶段估值的均为重要资产，因此实际赋值区间为 3～5。

在对重要资产进行评估时，一般采用两种评估方式：标准估值和业务分析估值（一般建议选取第二种评估方式）。下面我们分别来看一下。

标准评估方式是指通过与被评估方沟通判断每一项资产的 CIA 赋值，然后再通过取平均值的计算公式得出资产价值。不同行业、不同类型的资产因其服务性质导致 CIA 赋值的侧重点不同，所以需要针对实际的不同场景进行赋值。例如政府网站因为要公开信息所以保密性比较低，可用性较高，完整性相对来说是最需要保障的，关键时刻我们可以通过停止服务破坏可用性以保障完整性；再例如涉密信息，保密性是最需要保障的，完整性次之，可用性相对最低，关键时刻我们可以通过破坏可用性以保障保密性。具体的 CIA 赋值可以参考表 2-1 至表 2-3。

表 2-1　资产保密性赋值表

赋值	标识	定义
5	很高	包含组织最重要的秘密，关系到组织未来的发展，对组织根本利益有着决定性的影响，如果泄露会造成灾难性的损害
4	高	包含组织的重要秘密，如果泄露会使组织的安全和利益受到严重损害
3	中等	组织的一般性秘密，如果泄露会使组织的安全和利益受到损害
2	低	仅能在组织内部或在组织某一部门内部公开的信息，如果向外扩散则有可能对组织的利益造成轻微损害
1	很低	可对社会公开的信息、公用的信息处理设备和系统资源等

表 2-2 资产完整性赋值表

赋值	标识	定义
5	很高	完整性价值非常高，未经授权的修改或破坏会对组织造成重大的或无法接受的影响；会给业务带来重大冲击并可能造成严重的业务中断，难以弥补
4	高	完整性价值较高，未经授权的修改或破坏会对组织造成重大影响；对业务带来的冲击严重，较难弥补
3	中等	完整性价值中等，未经授权的修改或破坏会对组织造成影响；对业务带来的冲击明显，但可以弥补
2	低	完整性价值较低，未经授权的修改或破坏会对组织造成轻微影响；对业务带来的冲击轻微，容易弥补
1	很低	完整性价值非常低，未经授权的修改或破坏对组织造成的影响可以忽略；对业务带来的冲击可以忽略

表 2-3 资产可用性赋值表

赋值	标识	定义
5	很高	可用性价值非常高，合法使用者对信息及信息系统的可用度达到每天 99.9%以上，或系统不允许中断
4	高	可用性价值较高，合法使用者对信息及信息系统的可用度达到每天 90%以上，或系统允许中断时间小于 10 分钟
3	中等	可用性价值中等，合法使用者对信息及信息系统的可用度达到每天 70%以上，或系统允许中断时间小于 30 分钟
2	低	可用性价值较低，合法使用者对信息及信息系统的可用度达到每天 25%以上，或系统允许中断时间小于 60 分钟
1	很低	可用性价值可以忽略，合法使用者对信息及信息系统的可用度在正常工作时间低于 25%

业务分析估值方式是指通过与被评估方沟通交流，根据资产在发生安全事件后的影响程度和恢复所付出的努力程度，直接判断其价值。采用业务分析估值方式对具体资产进行估值时，可采用的赋值参见表 2-4。

表 2-4 资产赋值表

赋值	标识	定义
5	极高	资产的重要程度很高，其安全属性破坏后可能导致系统受到非常严重的影响，恢复特别困难，甚至无法恢复
4	高	资产的重要程度较高，其安全属性破坏后可能导致系统受到比较严重的影响，恢复比较困难，资源及时间消耗较大
3	中	资产的重要程度较高，其安全属性破坏后可能导致系统受到中等程度的影响，可以恢复，资源及时间消耗较小
2	低	资产的重要程度较低，其安全属性破坏后可能导致系统受到较低程度的影响，几乎不需要恢复，几乎不消耗资源

赋值	标识	定义
1	极低	资产的重要程度很低，其安全属性破坏后可能导致系统受到很低程度的影响，甚至可以忽略不计，不需要恢复

2．配合要求

在项目实施过程中，针对某些内容需要与被评估方进行沟通确认，具体如下：

○ 资产责任人根据资产识别表要求填写信息系统的各项资产清单，确保各项资产信息的真实、准确、无遗漏，并确定各项资产是否为重要资产；

○ 资产识别组成员配合实施人员从业务角度分析估算重要资产的价值；

○ 资产识别组全体成员对阶段成果进行审核。

3．成果

本阶段需要提交的成果是《资产识别表》《重要资产估值表》。

2.3.3 威胁评估

威胁评估是通过威胁调查、抽样等手段，识别被评估信息系统关键资产面临的威胁来源、经常使用的威胁方法及其对资产的影响，为后续威胁分析和全面风险分析提供参考数据。接下来我们就威胁评估的服务内容、威胁评估方式、配合要求以及成果进行说明。

1．服务内容

在评估威胁时，脆弱性威胁评估小组应该根据资产目前所处的环境条件和以前的记录情况来判断。评估威胁关键在于确认引发威胁的人或事物，即威胁源。威胁源包括下面这些。

○ 人员威胁：故意破坏和无意失误。

○ 系统威胁：系统、网络或服务的故障。

○ 环境威胁：电源故障、污染、液体泄漏、火灾等。

○ 自然威胁：洪水、地震、台风、山体滑坡、雷电等。

2．威胁评估方式

一般我们将威胁评估的方式分为两种：常规威胁分析和潜伏威胁分析。

常规威胁分析即通过已有的常规威胁库和重要资产的脆弱性情况，直接获得重要资产可能遭受哪些具体威胁的破坏的信息，或对一些安全事件表面现象进行分析后，间接获得安全事件背后的威胁源头。

根据脆弱性与威胁的对应原则，通过上述方式开展威胁评估，并根据威胁发生的概率和利用脆弱性的难易程度将威胁程度分为 1~5 这 5 个等级。常规威胁在威胁库中已经表明威胁程度（也可根据实际情况调整程度值），我们将参考具体情况进行评估。

注意，在一般情况下，一个脆弱性可能对应多个威胁，此时应选择程度更高的威胁。例如，SQL 注入漏洞可能会面临未授权访问、业务数据泄露等威胁，此时应匹配威胁程度更高的业务数据泄露威胁。具体威胁类别、威胁描述以及对应的威胁程度如表 2-5 所示。

表 2-5　常规威胁程度参考表

序号	威胁类别	威胁描述	威胁程度
1	操作错误	合法用户工作失误或疏忽的可能性	2
2	滥用授权	合法用户利用自己的权限故意或非故意地破坏系统的可能性	1
3	行为抵赖	用户对自己的操作行为否认的可能性	2
4	未授权访问	因控制不到位引起的未授权用户访问资产的可能性	3
5	密码分析	非法用户对系统进行密码分析的可能性	3
6	非法入侵	非法用户利用系统漏洞侵入系统的可能性	4
7	拒绝服务	非法用户利用拒绝服务手段攻击系统造成服务不可用	4
8	恶意代码	被病毒、特洛伊木马、蠕虫、逻辑炸弹等感染的可能性	4
9	业务数据泄露	非法用户通过窃听、拖库等手段盗取重要数据的可能性	4
10	物理破坏	非法用户利用各种手段对资产进行物理破坏、盗窃的可能性	2
11	社会工程	非法用户利用社交等手段获取重要信息的可能性	1
12	意外故障	系统的组件发生意外故障的可能性	3
13	通信中断	数据通信传输过程中发生意外中断的可能性	2

序号	威胁类别	威胁描述	威胁程度
14	电源中断	电源发生中断的可能性	2
15	灾难	火灾、水灾、雷击、地震等发生的可能性	3
16	控制和破坏	被非法用户控制或破坏业务系统及数据的可能性	5
17	数据篡改	在未授权的情况下通过二级攻击来修改信息的可能性	3
18	信息探测和收集	收集资产部分信息的可能性	2
19	管理不到位	未按合理的管理要求履行职责的可能性	3
20	监听与伪造	监听或伪造合法用户与系统交互数据的可能性	3

威胁主要依据受影响资产的重要程度来确定等级和程度，具体如表 2-6 所示。

表 2-6　威胁程度表

威胁等级	威胁程度	威胁程度定义
5	极高	资产的重要程度很高，其安全属性破坏后可能导致系统受到非常严重的影响；恢复特别困难，甚至无法恢复
4	高	资产的重要程度较高，其安全属性破坏后可能导致系统受到比较严重的影响；恢复比较困难，资源及时间消耗较大
3	中	资产的重要程度较高，其安全属性破坏后可能导致系统受到中等程度的影响；可以恢复，资源及时间消耗较小
2	低	资产的重要程度较低，其安全属性破坏后可能导致系统受到较低程度的影响；几乎不需要恢复，几乎不消耗资源
1	极低	资产的重要程度很低，其安全属性破坏后可能导致系统受到很低程度的影响；可以忽略不计，不需要恢复

潜伏威胁分析即通过态势感知产品、勒索软件、WebShellKill 专杀软件等专用工具评估已经潜伏在被评估方内部网络环境中的威胁。

潜伏威胁由于已经完成部分脆弱性利用，因此需要单独进行评估，不会在风险分析中出现。

3. 配合要求

在项目实施过程中，针对某些内容需要与被评估方进行沟通确认，具体如下：

- 资产责任人需提供可供网络扫描使用的网络接口和 IP 地址（若安装了防火墙，则需确保防火墙策略可放行来自该 IP 地址的流量）；

- 管理员需提供服务器、网络设备等的管理员账号和密码；

- 脆弱性威胁评估组成员需对阶段成果进行审核。

4．成果

在威胁评估阶段，需要提交《威胁赋值列表》，并且在进行潜伏威胁分析时需要保留潜伏威胁评估过程的测试报告，还需提交《潜伏威胁评估表》。

2.3.4　脆弱性评估

评估范围内的物理环境、网络设备、安全设备、操作系统、数据库系统、应用中间件系统、应用系统软件和安全管理的脆弱性评估，通过安全扫描、人工检查、问卷调查和人工查询等方式进行，从而为后续的脆弱性分析和综合风险分析提供参考数据。接下来我们针对整个脆弱性评估阶段的服务内容、脆弱性评估方式、配合要求、成果等进行说明。

1．服务内容

脆弱性评估需针对每一项需要保护的信息资产，找到其存在的弱点。常见的弱点有 3 类。

- 技术型弱点：系统、程序、设备中存在的漏洞或缺陷，如结构设计问题和编程漏洞。

- 操作性弱点：软件和系统在配置、操作、使用中的缺陷，包括人员在日常工作中的不良习惯、审计和备份的缺乏。

- 管理性弱点：策略、程序、规章制度、人员意识、组织结构等方面的不足。

脆弱性根据其破坏性大小分为 1~5 这 5 个等级。在扫描报告中，信息类漏洞的脆弱性程度为极低，低级别漏洞的脆弱性程度为低，中级别漏洞的脆弱性程度为中，高级别漏洞根据业务情况定义脆弱性程度为高或极高。在评估脆弱性时，主要是通过主机扫描、应用层扫描、基线核查、问卷调查等方式进行的（至于是否需要进行渗透测试，则要看具体项目的要求）。

在进行脆弱性程度的统计时，需要遵循这样一个原则：对于同一个资产，在统计其脆弱性时，如果有多个脆弱性程度，则将最高的脆弱性程度作为该资产的脆弱性程度。例如，因 SSL 版本过低而引发的脆弱性有多个，其中脆弱性程度有高、中、低各 1 个，那么它的脆弱性程度统计为"高"（即 4）。具体脆弱性程度定义如表 2-7 所示。

表 2-7　脆弱性程度表

脆弱性等级	脆弱性程度	脆弱性程度定义
5	很高	如果被威胁利用，将对资产造成完全损害
4	高	如果被威胁利用，将对资产造成重大损害
3	中等	如果被威胁利用，将对资产造成一般损害
2	低	如果被威胁利用，将对资产造成较小损害
1	很低	如果被威胁利用，将对资产造成的损害可以忽略

2．脆弱性评估方式

在进行脆弱性评估时，我们需根据每个需要保护的信息资产，找出每个威胁可以使用的漏洞，并评估漏洞的严重程度（即漏洞被威胁使用的可能性），最后赋予相应等级值。为漏洞评估提供的数据应来自资产的所有者或用户、相关业务领域的专家以及硬件和软件信息系统的专业人员。

在评估漏洞的脆弱性时，主要从技术漏洞和安全管理漏洞两个方面来进行，具体步骤如下：

（1）利用漏洞扫描器对业务系统（重点扫描对象）、主机、网络设备及安全设备进行漏洞扫描；

（2）通过基线核查设备对硬件资产的本地安全策略进行检查；

（3）通过调查问卷补充发现其他的脆弱点（此项需要被评估方配合填写，或者以访谈形式现场问答并记录结果）；

（4）通过业务系统进行渗透测试（取决于具体项目）。

3．配合要求

在项目实施过程中，针对某些内容需要与被评估方进行沟通确认，具体如下：

❍ 管理员需提供可供网络扫描使用的网络接口和 IP 地址（若安装了防火墙，则需确保防火墙策略可放行来自该 IP 地址的流量）；

- 管理员需提供被核查服务器的管理员账号和密码；

- 管理员需提供可正常访问安全设备和业务系统的网络接口，以及业务系统的后台管理员账号、密码；

- 资产责任人需配合实施人员的访谈工作。

4．成果

在脆弱性评估阶段，需保存评估过程中产生的扫描报告、访谈记录等资料，并将评估到的脆弱性记录到《脆弱性、威胁、风险分析表》。

2.3.5　风险综合分析

风险是指特定威胁利用一项或一组资产的脆弱性造成资产损失或损坏的潜在可能性，即特定威胁事件发生的可能性及其后果的组合。在识别风险的过程中，我们也将使用最新的方法对整个过程进行综合分析，以描述威胁源采用的威胁方法、所用系统的漏洞、对资产的影响以及防止威胁和减少漏洞的对策。

1．服务内容

在进行风险分析时，风险分析小组会采用矩阵法计算出风险系数，然后按照如下公式计算资产风险值，并填写《脆弱性、威胁、风险分析表》：

资产风险值 = 资产估值×风险系数×（1−0.2）×防护能力系数

需要说明的是，上述公式中之所以先减去 0.2，是因为我们默认防护能力只能减免 20%的风险值。

风险系数计算如图 2-4 所示，威胁程度以及脆弱性程度的等级可以参见 2.3.3 节和 2.3.4 节。

脆弱性程度 ＼ 威胁程度 风险系数	1	2	3	4	5
1	1	3	6	11	13
2	2	5	9	14	17
3	4	8	15	18	22
4	7	12	19	21	24
5	10	16	20	23	25

图 2-4　风险系数计算矩阵图

然后通过风险系数来评估风险的估值。为了实现风险的控制和管理，可以对风险评估的结果进行分级。风险可以分为 5 个等级，等级越高，风险越高，具体如表 2-8 所示。

表 2-8　风险等级划分方法

风险值	风险等级	说明
0～20	极低	一旦发生，造成的影响几乎不存在
21～40	低	一旦发生，造成的影响程度较低，一般仅限于组织内部，通过简单的措施很快能弥补
41～60	中	一旦发生，将产生一定的经济或生产经营影响，但影响面和影响程度不大
61～90	高	一旦发生，将产生较大的经济或社会影响，在一定范围内给组织的经营和信誉造成损害
91～125	极高	一旦发生，将产生非常严重的经济或社会影响，如组织信誉遭到严重破坏、组织无法正常经营，经济损失重大，社会影响恶劣

根据采用的风险计算方法，计算每项资产面临的风险值，然后根据风险值的分布，为每个等级设置风险值范围，对所有风险计算结果进行分级。

一般来说，如果资产的风险值大于或等于 41，也就是风险等级为中级或中级以上，则认为该风险为不可接受的风险，反之则认为风险可接受。

2．配合要求

风险分析组成员对实施人员提交的重要资产风险结果进行审核和修正，经双方确定后，得出各项资产最终的风险分析表。

3．成果

在风险综合分析阶段提交的成果是《脆弱性、威胁、风险分析表》。

2.3.6　风险处置计划

风险管理的目的是更直观地显示风险管理过程中的不同风险，从而确定组织的安全策略。对于不可接受的风险，应根据导致风险的漏洞，制订一系列的风险处置计划。

1．服务内容

在风险综合分析阶段完成后，将根据风险分析的结果和国家相关法律法规，总结被评估方当前的安全要求，并根据安全需求的优先性、相关标准和安全技术保证框架，制订被评估方风险管理计划。

风险处置计划应明确安全措施、预期效果、实施条件、进度安排、责任部门等，并弥补弱点。安全措施的选择应从管理和技术两方面考虑。安全措施的选择和实施应参照信息安全的相关标准进行。

风险处置应综合考虑风险控制的成本和风险的影响，以提出风险可接受范围。对于某些资产，如果风险评估值在可接受范围内，并且现有的安全措施可以维持，则风险是可接受的；如果风险评估值在可接受范围之外，即计算的风险值高于可接受范围的上限值，则风险不可接受，需要采取安全措施降低和控制风险。确定不可接受风险的另一种方法是根据分级过程的结果，处理所有达到相应水平的风险，为不可接受的风险值设置基线。

2．成果输出

在风险处置计划阶段提交的成果是《不可接受风险处置计划》。

2.3.7　总结会议和服务验收

完成以上几个阶段后，评估方可以拉齐被评估方召开总结会议，汇报风险评估情况，详细评估信息系统面临的风险，明确表达威胁状况、所使用的威胁漏洞、影响情况，并描述安全风险，给出应对威胁的对策，以减少漏洞。最后，整个风险评估项目按照验收方案进行验收。

1．服务内容

本阶段的工作内容主要包括两个动作：被评估方签收总结材料、被评估方验收我们的整体服务。

被评估方签收总结材料是对项目交付行为的确认。在被评估方批准后，由评估方的项目经理向被评估方提交工作成果，同时提交报告结果。当被评估方履行内部验收程序，并认为评估方所提供的咨询结果能通过验收时，应填写《服务验收报告》，并由被评估方项目负责人签字，表明服务结果已通过验收。

2．阶段成果输出

本阶段完成后，需要向被评估方提供《服务验收报告》。

第 3 章
基线核查服务

3.1 基线核查的概念

在计算机术语中,基线是指项目储存库中每个控件版本在特定时期的一个"快照"。它提供一个正式标准,随后的工作基于此标准开展,并且只有经过授权后才能变更标准,即建立一个初始基线,以后每次对其进行的变更都将记录为一个差值,直到建成下一个基线。

信息安全基线是一个信息系统上线前的最低要求,是该信息系统包含的所有软硬件的配置要求都需要满足的最低门槛。信息安全基线是实现信息安全风险评估和风险管理的前提和基础,对其核查是企业在基础安全加固过程中躲不开的环节。为了满足各业务系统上线前的最低安全要求,各企业单位在制定相关企业内部各业务系统的安全模型基线标准时会参考国家标准和行业标准。

3.2 基线的分类

基线主要分为 3 类:功能基线、配置基线和产品基线。

- ❑ 功能基线指在系统分析与软件定义阶段结束时,经过正式评审和批准的系统设计规格说明书中对开发软件/系统的规格说明;或是指经过项目委托单位和项目承办单位双方签字同意的协议书或合同中，所规定的对开发软件/系统的规格说明；或是由下级申请并经上级同意或直接由上级下达的项目任务书中所规定的对开发软件/系统的规格说明。功能基线是最初确定的功能配置标识。

○ 配置基线指在软件需求分析阶段结束时，经过正式评审和批准的软件需求规格说明。配置基线是最初确定的配置标识。

○ 产品基线指在软件组装与系统测试阶段结束时，经过正式评审和批准的有关软件产品的全部配置项的规格说明。产品基线是最初确定的产品配置标识。

3.3 基线核查的主要对象

基线的制订主要分为两大类：应用层基线和通用的 IT 基础设施系统层基线。对应用层基线来说，由于应用系统多为定制开发，因此需考虑设计、开发、测试环节可能会引入的安全问题来提出相关的要求。例如，Web 应用基线通常包括以下 9 方面的要求：

○ 身份与访问控制；

○ 会话管理；

○ 代码质量；

○ 内容管理；

○ 防钓鱼与防垃圾邮件；

○ 口令算法；

○ 系统日志；

○ 安装配置；

○ 安全维护。

对通用的 IT 基础设施系统层基线来说，IT 基础设施系统包括网络设备、操作系统、数据库、中间件等，它们多为非定制的标准化产品，原厂商技术支持较好，资料完整，因此这类安全基线的内容主要关注账号口令、安全策略、补丁情况、网络协议、日志等问题。例如，操作系统的安全基线通常包括 4 方面的要求：

- 账号管理、认证授权；

- 日志配置操作；

- IP 安全设置；

- 设备其他配置操作。

应用层基线核查在软件的研发与设计时引用，所以本书主要讲解如何制订通用的 IT 基础设施系统层基线，以及基于深信服安全评估工具对该基线进行检测。

在深信服安全评估工具中，基线核查模块支持的配置检测范围包括各种网络设备及安全设备、主机操作系统、数据库、常见中间件等，具体的配置检查分类及其范围描述如表 3-1 所示。

表 3-1 配置检查

配置检查分类	配置检查范围描述
网络设备及安全设备	主流网络设备及安全设备可以按照等保二级或三级标准进行核查，主要产品有： ○ 华为、Cisco、H3C、Juniper 等厂商的网络设备 ○ 其他厂商的设备，如防火墙、入侵检测设备、入侵防御设备、防毒墙等
主机操作系统	主流主机操作系统可以按照等保二级或三级标准进行核查，主要有： ○ 微软 Windows 系列操作系统，如 Windows Server 2003/2008/2012/2016 等 ○ 各类 Linux 操作系统，如 RedHat、CentOS、Debian、Ubuntu、SUSE 等 ○ 各类 UNIX 操作系统，如 Solaris 11、AIX 6.1 等
数据库	主流数据库可以按照等保二级或三级标准进行核查，主要版本有： ○ 微软 MS-SQL 系列，SQL Server 2005/2008/2012/2014/2017/2019 等 ○ 甲骨文 Oracle 系列，Oracle 10g/11g/12c 等 ○ 其他数据库，MySQL（如 MySQL 5.6/5.7/8）、DB2、MongoDB、PostgreSQL、Sybase 等
常见中间件	常见中间件可以按照等保二级或三级标准进行核查，主要版本有： ○ IIS 系列，如 IIS 6.0/7.0/7.5/8.0 ○ Tomcat 系列，如 Tomcat 7.0/8.0/9.0 ○ 其他中间件，如 JBoss（如 JBoss 6.0/7.0）、WebLogic（如 WebLogic 11g/12c）、Apache、Nginx、WebSphere 等

3.4　基线核查的内容

基线核查的内容普遍集中于设备的账号和口令管理、认证授权、日志配置、通信协议等方面，覆盖了与安全问题相关的各个层面。信息资产不同，基线核查的具体检查内容会有所不同。下面我们看一下针对不同的信息资产进行基线核查时，所做的具体工作。

- 主机操作系统。在对主机操作系统进行基线核查时，检查的内容包含但不限于账号和口令管理、异常启动项、认证和授权策略、访问控制、通信协议、日志审核策略、文件系统权限、防 DDoS 攻击，以及其他安全配置。

- 数据库。在对数据库进行基线核查时，检查的内容包含但不限于账号和口令管理、认证和授权策略、访问控制、通信协议、日志审核功能，以及其他安全配置。

- 中间件及常见的网络服务。在对中间件及常见的网络服务进行基线核查时，检查的内容包含但不限于账号和口令管理、授权策略、通信协议、日志审核功能，以及其他安全配置。

- 网络设备及安全设备。在对网络设备及安全设备进行基线核查时，检查的内容包含但不限于设备操作系统的安全、异常启动项、账号和口令管理、认证和授权策略、网络与服务、访问控制策略、通信协议、路由协议、日志审核策略、加密管理，以及其他安全配置。

在基线核查完成之后，我们需要针对有问题的项进行加固。这里以 Windows 基线加固内容为例进行说明，我们需要检查的是账号和口令管理、认证授权、日志配置、通信协议和其他方面。接下来我们针对这几个方面进行详细说明。

- 账号和口令管理。我们需要检查系统里面是否存在无效账号、是否按照用户类型分配账号权限、口令复杂度、账户锁定策略等。我们可以通过进入"控制面板→管理工具→本地安全策略"，在"账户策略"中选择"账户锁定策略"；记录当前账户锁定策略情况，也可以设置有效的账户锁定策略。这样有助于防止攻击者猜出系统账户的口令，降低系统口令被暴力破解成功的概率。

○ 认证授权。我们需要检查系统账户登录授权、远端系统强制关机设置、"从网络访问此计算机"设置、"从本地登录此计算机"设置等。我们可以通过进入"控制面板→管理工具→本地安全策略"，选择"本地策略→用户权利指派"查看并记录"从网络访问此计算机"的当前设置。有效地控制认证授权可以降低未授权用户非法访问主机的风险。

○ 日志配置。我们需要检查审核策略设置、日志记录策略设置等，我们可以通过进入"控制面板→管理工具→事件查看器"，查看并记录"应用日志""系统日志""安全日志"的当前设置。如果日志记录功能未开启，或日志的大小超过系统默认设置，则无法正常记录日志。缺失回溯追踪需要的历史记录，违反了网络安全法，当发生安全事件时也将影响取证成果。

○ 通信协议。我们需要检查是否启用 TCP/IP 筛选、是否开启系统防火墙、是否启用 SYN 攻击保护等。我们可以通过进入"控制面板→网络连接→本地连接→Internet 协议（TCP/IP）属性→高级 TCP/IP 设置"，在"选项"的属性中查看"网络连接上的 TCP/IP 筛选"的状态，并记录。对没有自带防火墙的 Windows 系统，启用 Windows 系统的 IP 安全机制或网络连接中的 TCP/IP 筛选，只开放业务所需要的 TCP 端口、UDP 端口和 IP 地址，可以过滤不必要的端口，从而提高系统安全性。

○ 其他方面。我们需要检查屏幕保护程序、共享文件夹访问权限、自动播放功能等，我们可以通过进入"开始→运行→键入 regedit"，查看并记录注册表 HKEY_LOCAL_MACHINE\SYSTEM\CurrentControlSet\Services、SynAttackProtect 的值；查看并记录注册表 HKEY_LOCAL_MACHINE\SYSTEM\CurrentControlSet\Services\TcpMaxPortsExhausted、TcpMaxHalfOpen、TcpMaxHalfOpenRetried 的值。有效的安全设置可以防止系统从移动设备感染病毒，如在进行 U 盘插入操作的时候，可以避免系统被 U 盘中的病毒感染。

3.5　基线核查的方式

基线核查的方式分为人工检查和自动化检查两种。

人工检查的内容主要包括登录信息收集、配置安全分析和形成检查报告。其中，配置安全分析是比较重要的环节，分析结果直接影响报告的准确性、权威性。

自动化检查是借助深信服安全评估工具或专门开发的检查脚本来自动化完成部分工作，如完成目标设备登录、设备配置检查和配置信息记录工作。此部分工作借助自动化工具是为了消除人工误操作的隐患，提高检查效率和精确度。

3.6　基线核查的实施流程

整个基线核查工作的实施流程有 3 个阶段：准备阶段、实施阶段、收尾阶段。

在准备阶段，我们主要是准备和落实项目所需的人员、设备、资料等资源，制订实施计划，确定加固方案，测试和审核加固方案，进行加固支撑服务的培训。

在实施阶段，我们主要是确定实施条件，确认进行加固的有效性。实施阶段一共有 6 个步骤，具体描述如下。

（1）收集被检查系统相关的登录信息，并将登录凭证录入自动化检查工具。

（2）自动化检查工具用登录凭证登录被检查系统。

（3）自动化检查工具使用内置的检查规则，对被检查系统进行配置检查。

（4）自动化检查工具按照顺序记录保存每一项检查的内容。

（5）自动化检查工具对检查收集到的结果进行统计分析，并与预定义的判断依据进行对比分析。

（6）输出基线核查安全评估报告，该报告的形式一般为 Word 文档或者是 Excel 表格。

在收尾阶段，我们主要是对加固成果进行汇报。

3.7 基线核查的案例讲解

在上文我们介绍了基线核查的服务内容和流程，接下来我们通过一个案例来为大家讲解具体如何做基线核查。这里以深信服安全评估工具为例，介绍如何对 Windows 服务器进行基线核查。首先来看远程基线核查的方式。

打开深信服安全评估工具，找到"基线配置核查"模块，然后单击"新建任务"，在弹出的界面中输入远程服务器的 IP 地址、用户名、密码等信息。大家可以参考图 3-1 所示的界面进行填写。填写完毕后，单击"提交"按钮。

图 3-1　填写必填参数

在图 3-1 所示的界面中添加相关内容并单击"提交"之后，会显示图 3-2 所示的界面。接下来我们输入任务名称，选择需要的执行方式，然后单击"提交"按钮。

图 3-2　新建任务

执行扫描任务后等待扫描结果生成，如图 3-3 所示，扫描任务列表中会显示该任务的进度条，如果进度条读到 100% 则代表该任务已经完成。

图 3-3　扫描任务列表

扫描结束后，通过报告管理模块，将刚才执行的基线核查结果生成对应的报告，如图 3-4 所示。

在"选择任务/资产"区域，选择我们刚才执行基线核查工作的任务项，选择完毕后单击"确定"即可进入下一个步骤，如图 3-5 所示。

在配置完成之后，单击"生成"按钮即可生成基线核查报告，如图 3-6 所示。

图 3-4　生成评估报告

图 3-5　选择任务/资产

图 3-6　生成评估报告

然后在报告列表模块导出最终的基线核查报告，这样我们就可以将基线核查报告下载到本地，如图3-7所示。

图 3-7　导出报告

最后我们可以查看报告的具体内容，基线核查报告内容包含风险等级、主机/域名、基线项ID、检查点描述等信息，如图3-8所示。

序号	风险等级	等保级别	主机/域名	基线项ID	基线项类型	等保合规项	基线项名称	检查点描述
1	中	等保二级	192.168.1.151	756	身份鉴别	当进行远程管理时，应采取必要措施防止鉴别信息在网络传输过程中被窃听	检查是否启用安全的远程桌面连接	安全的远程桌面连接
2	中	等保二级	192.168.1.151	759	安全审计	应关闭不需要的系统服务、默认共享和高危端口	操作系统默认共享安全基线要求项	检查是否已禁用Windows硬盘默认共享
3	低	等保二级	192.168.1.151	83	身份鉴别	应对登录的用户进行身份标识和鉴别，身份标识具有唯一性，身份鉴别信息具有复杂度要求并定期更换	检查是否已正确配置密码长度最小值	检查密码长度最小值

图 3-8　查看报告

第 4 章
漏洞扫描服务

漏洞扫描是指基于漏洞数据库，通过扫描等手段对指定的远程或者本地计算机系统的安全脆弱性进行检测，以发现可利用漏洞的一种安全检测（渗透攻击）行为。通过漏洞扫描技术，我们可以发现漏洞、控制风险。下面我们详细介绍漏洞扫描服务。

4.1 服务概述

漏洞扫描服务主要有两种类型：第一种为业务系统应用层扫描，通过扫描工具准确识别注入缺陷、跨站脚本攻击、非法链接跳转、信息泄露、异常处理等安全漏洞，全面检测并发现业务应用安全隐患；第二种为主机系统漏洞扫描，通过扫描工具识别多种操作系统、网络设备、安全设备、数据库、中间件等存在的安全漏洞，全面检测终端设备的安全隐患。

4.1.1 服务必要性

近几年来，安全技术和安全产品已经有了长足的进步，但是安全问题也越来越多，现阶段漏洞出现如下 3 个趋势。

○ 数量越来越多。根据国家信息安全漏洞共享平台（CNVD）统计，截至 2022 年 5 月，CNVD 已收录的漏洞总数量为 175 398 个，与历年同期相比，漏洞增长趋势明显。

○ 危害越来越大。当前，新一轮科技革命和产业变革蓄势待发。随着人工智能、大数据、物联网、工业互联网的发展，信息化建设迅速推进，越来越多的政务工作通过互联网办理，这在方便民众办理业务的同时也带来了信息泄露的严重问题。近年来，国内外爆发了多起网站漏洞导致个人信息泄露的事件，泄露内容涉及居民社保信息、卫生医疗信息等。据统计，2019 年安全漏洞导致的信息泄露事件超过 1 000 起，安全漏洞已经成为安全事件爆发的关键导火索之一。统计表明，利用已知系统漏洞成功入侵的事件占到了安全事件的72.6%。绝大多数的网络攻击事件都是由厂商已公布、用户未及时修补的漏洞引发的。

○ "网络军火"越来越组织化。2017 年，网络黑客组织 ShadowBrokers 声称盗取了美军的"网络武器库"，并以 7 亿美元的天价叫卖。随后爆发的 WannaCry 勒索病毒事件深刻揭示了网络战的关键就是漏洞。漏洞成为制造网络武器的战略资源。从"震网病毒""火焰病毒""方程式病毒""乌克兰电厂攻击"到 WannaCry 勒索病毒攻击等一系列重大网络攻击事件，均是利用各种已知漏洞和未知漏洞而实施的。漏洞已经成为网络安全最大的隐患，甚至可以说一个重要漏洞的价值不亚于一枚导弹。

随着《中华人民共和国网络安全法》、网络安全等级保护制度 2.0 等一系列文件的发布，合规监管单位也对漏洞管理提出了明确的要求。其中，《中华人民共和国网络安全法》第二十五条明确提出网络运营者应当制订网络安全事件应急预案，及时处置系统漏洞、计算机病毒、网络攻击、网络侵入等安全风险。除此之外，在网安、网信、行业监管部门每年组织的网络大检查中，漏洞也是关键必查项，监管单位一旦发现漏洞，一般会向企业出具警示函、通报函或采取其他行政监管措施。

综上所述，组织所面临的漏洞风险正在不断升级，这值得每位网络安全工作者警醒。组织必须比攻击者更早掌握自己网络的安全漏洞并且做好适当的修复措施，才能够有效地预防入侵事件或者通报事件的发生。

4.1.2 服务收益

对组织而言，漏洞扫描可以带来如下收益：

- 提升组织对内部系统的漏洞检测能力；

- 全面掌握组织内部的安全漏洞；

- 为组织业务系统测评、检查等提供有效的依据；

- 为组织制订科学、有效的安全加固方案提供依据；

- 降低因为漏洞导致安全事件发生的概率。

4.2 实施标准和原则

漏洞扫描服务应遵循具体的实施标准和原则，下面我们将介绍相关政策文件或标准，以及服务原则。

4.2.1 政策文件或标准

深信服的漏洞扫描服务将参考下列标准进行工作。

- 《信息安全技术 网络安全等级保护测试评估技术指南》（GB/T 36627-2018）。

- 《信息技术 安全技术 信息技术安全保障框架 第 1 部分：介绍和概念》（ISO/IEC TR 15443-1:2012）。

- 《信息技术 安全技术 信息技术安全保障框架 第 2 部分：分析》（ISO/IEC TR 15443-2:2012）。

- 《信息技术 安全技术 运行系统安全评估》（ISO/IEC TR 19791:2021）。

- 《信息安全技术 信息系统灾难恢复规范》（GB/T 20988-2007）。

- 《信息技术 安全技术 信息技术安全评估准则 第 1 部分：简介和一般模型》（GB/T 18336.1-2015）。

- 《信息安全技术 操作系统安全技术要求》（GB/T 20272-2019）。

- 《信息安全技术 数据库管理系统安全技术要求》（GB/T 20273-2019）。

- 《信息安全技术 网络基础安全技术要求》（GB/T 20270-2006）。

- 《信息安全技术 信息系统安全通用技术要求》（GB/T 20271-2006）。

- 《信息安全技术 网络安全等级保护基本要求》（GB/T 22239-2019）。

4.2.2　服务原则

为了更好地服务于客户，深信服将遵循下列原则来提供漏洞扫描服务。

- 保密性原则：对项目实施过程获得的数据和结果严格保密，未经授权不得泄露给任何单位和个人，不得利用此数据和结果进行任何侵害客户利益的行为。

- 标准性原则：项目实施依据国内、国际的相关标准进行。

- 规范性原则：项目实施由专业的工程师和项目经理依照规范的操作流程进行，对操作过程和结果提供规范的记录，以便于项目的跟踪和控制。

- 可控性原则：项目实施的方法和过程及使用的工具在双方认可的范围内，保证项目实施的可控性。

- 最小影响原则：项目实施工作应尽可能小地影响网络和信息系统的正常运行，不能对信息系统的运行和业务的正常提供产生显著影响。

4.3　服务详情

接下来，我们将从服务内容、服务范围、服务方式和服务流程 4 个方面详细讲解漏洞扫描服务。

4.3.1　服务内容

通过漏洞扫描，我们可以发现并识别网络设备、主机、数据库、操作系统、中间件、业务系统等应用的安全漏洞。一般来讲，漏洞分为 Web 漏洞和系统漏洞两大类，这两大类漏洞又可以进一步细分，漏洞识别如表 4-1 所示，大家可以参考表 4-1 中的描述对漏洞进行分类。

表 4-1　漏洞识别分类表

类别	一级分类	二级分类	描述
Web 漏洞	信息泄露	—	检测响应中目录浏览问题
			检测密码是否开启自动填充选项
			检测响应中内部 IP 地址
			检测响应中的服务器敏感目录
			检测响应中的会话令牌
	SQL 注入漏洞	—	检测基于错误、基于布尔值、基于时间的 SQL 注入漏洞，以及盲注漏洞等
	跨站脚本攻击漏洞	—	检测反射型、存储型、DOM 型跨站脚本攻击漏洞
	XPath 注入漏洞	—	检测基于错误的 XPath 注入漏洞
	HTTP 参数污染漏洞	—	检测参数污染、解析漏洞
	目录穿越漏洞	—	检测是否在 URL 或参数中存在 "../" 或者存在跨目录的字符串或其他编码等，使得目录跳转，并读取操作系统各个目录下的敏感文件
	本地文件包含漏洞	—	检测本地文件包含漏洞。此漏洞是因为程序员未对用户可控的变量进行输入检查，导致用户可以控制被包含的文件。成功利用该漏洞可以使 Web 服务器将特定文件当成 PHP 执行，从而可使黑客获取一定的服务器权限
	其他 Web 漏洞	—	心脏滴血、SMBv3 远程拒绝服务漏洞等
			Apache、Tomcat、IIS 等中间件服务器的漏洞
			某教务系统等教育系统的漏洞
			电子邮件系统的漏洞
			电子商城系统的漏洞

类别	一级分类	二级分类	描述
Web 漏洞	其他 Web 漏洞	—	办公自动化系统的漏洞
			Struts2、Django 等框架的漏洞
			PHP 等语言的漏洞
系统漏洞	溢出漏洞	远程缓冲区溢出漏洞	远程缓冲区溢出漏洞，如 CVE-2017-9445、CVE-2017-5577 等
		栈缓冲区溢出漏洞	栈缓冲区溢出漏洞，如 CVE-2014-9295 等
		堆缓冲区溢出漏洞	堆缓冲区溢出漏洞，如 CVE-2017-8287 等
	拒绝服务攻击漏洞	远程拒绝服务攻击漏洞	远程拒绝服务攻击漏洞
		特定函数拒绝服务攻击漏洞	多种函数造成的拒绝服务攻击漏洞
	未授权访问漏洞	未授权访问漏洞	未授权访问漏洞
		安全限制绕过漏洞	绕过安全限制漏洞进行越权访问漏洞
	代码执行漏洞	任意命令执行漏洞	任意命令执行漏洞，如 Java 反序列化漏洞
		远程代码执行漏洞：SMB 远程代码执行漏洞 RDP 远程代码执行漏洞	勒索病毒传播常用的 SMB 漏洞，如 MS17-010 勒索病毒传播常用的 RDP 漏洞，如 CVE-2019-0708

4.3.2　服务范围

漏洞扫描的扫描对象分为操作系统、数据库、常见应用服务、Web 应用服务、网络设备等几类。我们具体来看一下。

❍　操作系统：Windows、Linux、AIX、UNIX、Solaris、FreeBSD、HP-UX、BSD 等主流操作系统。

❍　数据库：Oracle、MySQL、MSSQL、Sybase、DB2、Informix 等主流数据库。

❍　常见应用服务：FTP、Email、DNS、Telent、POP3、SNMP、SMTP、Proxy、RPC 等。

❍　Web 应用服务：Apache、IIS、Tomcat、WebLogic 等主流 Web 应用服务。

○ 网络设备：常见的路由器、交换机等设备。

4.3.3 服务方式

漏洞扫描服务是指服务方根据客户提供的资产信息，安排安全服务工程师进行漏洞扫描的一种行为。漏洞扫描分为现场扫描和远程扫描。其中，现场扫描是指由安全服务工程师携带相关的漏洞扫描工具，根据约定时间到达客户现场，部署漏洞扫描工具，经由客户授权后对指定的资产开展扫描；远程扫描是指由安全服务工程师和客户约定时间，经由客户授权后，通过互联网对客户指定的资产进行扫描。

4.3.4 服务流程

漏洞扫描服务的整个流程可以分为 4 个阶段：准备阶段、扫描实施阶段、总结汇报阶段、服务交付阶段，具体如下。

1．准备阶段

在准备阶段，首先要对目标客户服务范围内的资产进行搜集，获取域名、IP 地址、网络拓扑等相关信息，确定后续的扫描资产范围。

然后，与客户签署漏洞扫描委托授权函，获得客户的授权。

获取授权后，与客户确定漏洞扫描的时间和漏洞扫描的工具，评估漏洞扫描过程中可能存在的技术问题并与客户协商应急响应策略，沟通相关的网络环境，通过客户获取漏洞扫描设备的接入点，最后与客户协商对相关目标资产文件与数据进行备份。

2．扫描实施阶段

准备阶段结束之后，在扫描实施阶段，扫描人员需要现场检查网络连通情况，根据情况分配合理 IP 地址，在确保扫描工具能探测到扫描范围内的所有主机且无防火墙等安全设备阻拦后，就可以开展漏洞扫描了。

在扫描过程中，如果目标系统出现无响应、中断等情况，扫描人员会立即中止漏洞扫描，并配合客户进行问题排查。在确认问题以及完成系统修复之后，根据分析结果调整扫描方式。此时只有获得客户再次授权才能继续进行其余的扫描。

3. 总结汇报阶段

在扫描结束之后，扫描人员需要总结项目工作内容及成果，并向客户汇报扫描报告的结果。

4. 服务交付阶段

整个服务的最终交付物为漏洞扫描报告。如果客户有需要，我们需要将整个服务过程中产生的文档以及资料一起交付。

4.4 服务工具

在进行漏洞扫描时，我们使用的是深信服自研的安全评估工具。它具有简单高效的特点，支持系统漏洞扫描、Web 漏洞扫描、弱口令扫描、基线配置核查等安全评估功能，下面我们针对深信服安全评估工具支持的扫描类型进行简单的描述，方便大家理解。

- 系统漏洞扫描：可对操作系统、网络设备、数据库等进行漏洞扫描，还可以针对紧急漏洞进行单独评估。

- Web 漏洞扫描：可对 SQL 注入、跨站脚本攻击、敏感信息泄露等 Web 漏洞进行扫描，还可以针对紧急漏洞进行单独评估。

- 弱口令扫描：可对多种常见的服务或应用进行弱口令检测，如 FTP 弱口令、SSH 弱口令、RDP 弱口令、SMB 弱口令、MySQL 弱口令等。

- 基线配置核查：可对常见的操作系统、数据库、中间件配置等进行分析，能够根据等级保护二级或者三级标准进行差距评估分析。

4.5 漏洞验证

在漏洞扫描结束后，我们还需要对发现的漏洞进行验证。所谓漏洞验证，即通过信息收集或者经验等手段，判断漏洞扫描器扫描出来的漏洞是否真实存在，旨在验证漏洞的真实性，同时将识别错误的漏洞进行人工剔除，以确保向客户汇报的漏洞都是真实可靠的。

用工具进行漏洞扫描可能会存在误报现象，我们需要针对漏洞扫描的结果进行人工确认，将工具的误报率降低。工具一般将扫描出来的漏洞分为 Web 漏洞和系统漏洞，其中系统漏洞一般是中间件或者系统服务版本出现的漏洞，并且验证方法比较简单，可以直接根据版本进行判断。例如 VSFTP 2.3.4 这个版本，本身就存在后门，这种不需要验证。但是较难判断的是 Web 漏洞，我们列举了一些常见的扫描结果进行验证。

4.5.1　Web 漏洞验证方法

Web 漏洞是网站页面，后端研发工程师在实现页面时没有考虑到一些逻辑问题或者过滤不严等，以至于黑客可以通过某种方式插入攻击代码、获取信息或者权限。这种漏洞在通过扫描工具扫描到后，可从扫描工具中导出漏洞的 POC（proof of concept，概念验证，常指一段漏洞证明的代码），然后使用 POC 代码对漏洞进行验证，即可验证该漏洞的真实性。

常见的 Web 漏洞就是 SQL 注入、跨站脚本攻击、目录穿越、RCE（remote code execution，远程代码执行）、信息泄露。拿到漏洞扫描报告之后，验证的方法具体如下。

（1）收集工具导出的风险举证报文，这里也可以理解成 POC 代码，此报文或代码是工具判断漏洞存在的依据。

（2）判断数据包是采用 GET 方法传值还是采用 POST 方法传值，常见的 POC 代码就这两种传值的方法，GET 方法传值是指传输的值会伴随 URL 进行提交，而 POST 方法传值会以表单的方式进行传值。

（3）梳理数据包的 URL、HOST 和 Referer 这 3 个 HTTP 头部字段。GET 方法的值直接可以通过 URL 获取，POST 方法的值需要额外梳理 POST 数据包内容。如果字段有加密，还需要进行解密。

（4）如果是采用 GET 方法，则需要组装 POC。将 HOST、URL 和 Referer 字段拼接起来就构成了 POC，其中 Referer 字段为非必需字段。GET 方法传值可以直接使用组装后的

POC 直接在浏览器上进行测试；如果是采用 POST 方法，我们还需要重新构造请求包。一般我们会采用特定工具进行数据包组装后再传值。

1．Web 漏洞 GET 方法验证举例

我们通过工具发现 3 个 Web 漏洞：目录穿越、跨站脚本攻击、配置信息泄露。在图 4-1 中可以看到显示的漏洞等级、主机/域名、漏洞类型、漏洞名称、URL 和风险举证（我们将重点使用风险举证的数据），下面我们将使用 GET 方法对这 3 个漏洞进行验证。

漏洞等级	主机/域名	漏洞类型	漏洞名称	URL	风险举证
高	https://xx.xx.74.143:8088	目录穿越漏洞	目录穿越漏洞【原理扫描】	https://xx.xx.74.143:8088	页面:https://xx.xx.74.143:8088 请求:GET /docs/appdev/sample/web/images/../WEB-INF/web.xml? HTTP/1.1 Connection:Keep-Alive
高	https://xx.xx.37.103:8000	跨站脚本漏洞	跨站脚本漏洞【原理扫描】	https://xx.xx.37.103:8000/msg?p=0&k=	页面:https://xx.xx.37.103:8000/msg?p=0&k= 请求:GET /msg?k=&p=1'%22()%2526%25<snr><ScRiPt%20>JuaS(9465)</ScRiPt> HTTP/1.1 Referer:https://xx.xx.37.103:8000/msg?p=0&k= Connection:Keep-Alive Upgrade-Insecure-Requests:1 User-Agent:Mozilla/5.0 (X11; Linux x86_64) AppleWebKit/537.11(KHtml, like Gecko) Chrome/23.0.1271.64 Safari/537.11 Sec-Fatch-Mode:navigate Sec-Fatch-User:71 Accept:text/html,application/xhtml+xml,application/xml;q=0.9,image/webp,image/apng,*/*,q=0.8,application/signed-exchange;v=b3 Cookie:infcniras6=105776ECDDFEE3C5FBAEEDC30BE80343; clientId=CID15e3a2d284bdba851ddd646c56e9fe7
中	https://xx.xx.37.64:8080	敏感信息泄露	PHPinfo的页面泄露【原理扫描】	https://xx.xx.37.64:8080/reader/	页面:http://xx.xx.37.64:8080/reader/ 请求:GET /rander/info.php HTTP/1.1 Connection:Keep-Alive Cookie:PHPSESSID Referer:http://xx.xx.37.64:8080/reader/

图 4-1　漏洞列表

目录穿越（也称为文件路径遍历）是一个 Web 安全漏洞，攻击者可以利用该漏洞读取运行应用程序的服务器上的任意文件，可能包括应用程序代码和数据、后端系统的凭据以及敏感的操作系统文件。在某些情况下，攻击者能够在服务器上写入任意文件，从而允许他们修改应用程序数据或行为，并最终完全控制服务器。

针对目录穿越漏洞，首先提取图 4-1 中风险举证的原始数据，完全提取后显示如下内容。

```
页面：http://xx.xx74.143:8088/
请求：GET/docs/appdev/sample/web/images/../WEB-INF/web.xml? HTTP/1.1
Connection:Keep-Alive
```

然后确认 HTTP 请求方法为 GET，梳理 URL。梳理后的 URL 为 http://xx.xx74.143:8088/docs/appdev/sample/web/images/../WEB-INF/web.xml?

组装 POC，该 URL 即为 POC。接下来利用火狐浏览器上下载的 Hackbar 插件（火狐

浏览器可以直接在插件商店下载该插件）开始验证。在图 4-2 中的方框空白处输入 POC，
然后单击 Execute 开始验证。

图 4-2　POC 利用方法

在图 4-3 中，我们可以看到，确实通过该目录穿越 POC 获取到了 XML 配置文件，并
且将 XML 配置文件进行了回显，证明了该漏洞的存在。

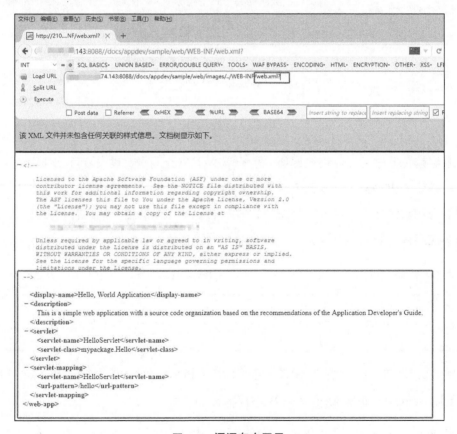

图 4-3　漏洞存在回显

针对跨站脚本攻击漏洞，首先提取图 4-1 中的风险举证内原始数据，完全提取后如下所示。接下来，我们详细看一下数据内容。

```
1. 页面: https://xx.xx.37.103:8000/msg?p=0&k=
2. 请求: GET /msg?k=&p=1'%22()%2526%25<snr><ScRiPt%20>JuaS(9465)</ScRiPt> HTTP/1.1
3. Referer:https://xx.xx.37.103:8000/msg?p=0&k=Connection:Keep-Alive
4. Upgrade-Insecure-Requests:1
5. User-Agent:Mozilla/5.0(X11;Linuxx86_64)AppleWebKit/537.11(K,likeGecko)Chrome/
   23.0.1271.64Safari/537.11
6. Sec-Fetch-Mode:navigateSec-Fetch-User:?1
7. Accept:text/html,application/xhtml+xml,application/xml;q=0.9,image/webp, image/
   apng,*/*;q=0.8,application/signed-exchange;v=b3
8. Cookie:infcniras6=105776ECDDFEE3C5FBAEEDC30BE90343;clientId=CID15e3a2d284bdba
   8518ddd646c56e9fe7
```

在数据内容中我们可以看到，HTTP 请求方法为 GET。然后梳理 URL、HOST 以及 Referer 字段，如果 URL 里面有编码，需要先使用 URL 解码网站进行解码。

上文中 URL 为/msg?k=&p=1'%22()%2526%25<snr><ScRiPt%20>JuaS(9465)</ScRiPt>，是有编码的，解码后为 "/msg?k=&p=1'""%&%<snr><ScRiPt >JuaS(9465)</ScRiPt>"。继续梳理 HOST 字段，HOST 字段在上文数据内容中显示为页面字段后面的内容，梳理后 HOST 为 https://xx.xx.37.103:8000/，Referer 字段为 https://xx.xx.37.103:8000/msg?p=0&k=。

将 HOST、URL 和 Referer 字段拼接在一起，组装成 POC。组装后的 POC 为 https://xx.xx.37.103:8000/msg?k=&p=1'""%&%<snr><ScRiPt >JuaS(9465)</ScRiPt>。

由于 JavaScript 代码<ScRiPt>JuaS(9465)</ScRiPt>在执行时无法弹框，因此将 JuaS(9465) 函数替换成 JavaScript 弹框函数 alert(9465)，这样就可以弹出一个浏览器窗口，字符串为 "9465"。

现在我们利用火狐浏览器的 Hackbar 开始验证，输入组装好的 POC，然后单击 Execute 开始执行。如果在图 4-4 中出现浏览器弹框，则代表存在跨站脚本攻击漏洞。如果没有弹框，则代表不存在漏洞。由于图 4-4 中没有出现弹窗，因此我们可以确定此漏洞为误判。

针对配置信息泄露漏洞（本例为 PHPinfo 的页面信息漏洞），PHPinfo 函数会显示大量服务器内的敏感数据，一般是网站开发人员做测试使用，测试完毕后会删除该页面。但是如果该页面没有删除，并且被攻击者发现，就会发生敏感信息泄露事件，为攻击者的后续攻击提供更多的便利。

图 4-4　验证漏洞

我们开始验证该漏洞，继续提取图 4-1 中风险举证的原始数据包，完全提取后内容如下所示。

```
1. 页面: http://xx.xx.37.64:8080/reader/
2. 请求: GET/reader/info.php HTTP/1.1
3. Connection:Keep-Alive/
4. Cookie:PHPSESSID
5. Referer:http://xx.xx.37.64:8080/reader/
```

从上述代码中请求字段后面的 GET 数据可以确认，该 HTTP 请求方法为 GET。梳理 URL、HOST 和 Referer 字段，在这里只有 HOST、URL 字段，所以梳理出 URL 为/reader/info.php，HOST 字段为 http://xx.xx.37.64:8080/。

接下来组装 POC，将 HOST 和 URL 进行拼接就是 POC，得出 POC 为 http://xx.xx.37.64:8080/reader/info.php。

利用火狐浏览器的 Hackbar 工具进行验证，在输入框内输入组装好的 POC，然后单击 Execute 开始执行，出现 phpinfo 信息页面，泄露了绝对路径等敏感信息，由此确定信息泄露漏洞确实存在，如图 4-5 所示。

2．Web 漏洞 POST 方法验证举例

POST 方法的漏洞验证方法与 GET 方法的漏洞验证方法差不多。这里采用信息泄露漏

洞进行验证。提取图 4-1 中风险举证的数据包，显示如下内容。

```
1. 页面: http://xx.xx.37.64:8080/reader/
2. 请求: POST/reader/ HTTP/1.1
3. Connection:Keep-Alive
4. Cookie:PHPSESSID
5. Referer:http://xx.xx.37.64:8080/reader/
6. file=info.php
```

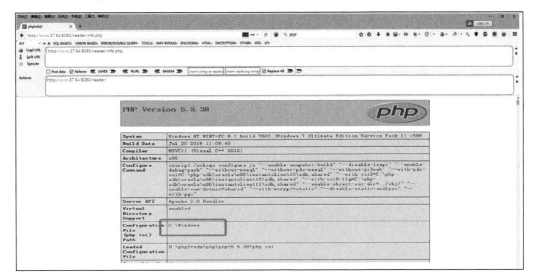

图 4-5　信息泄露验证

首先通过请求字段后面的 POST 字符，确认 HTTP 请求方法为 POST。

梳理 URL、HOST、Referer 字段和 POST 数据包的具体内容，URL 字段为 http://xx.xx.37.64:8080/reader/，HOST 字段为 http://xx.xx.37.64:8080/，Referer 字段为 http://xx.xx.37.64:8080/reader/，POST 数据包内容为 file=info.php（POST 的具体数据在请求头回车下一行）。

接下来组装 POC，将 HOST、URL 和 Referer 字段组装成 POC。利用火狐浏览器的 Hackbar 验证该 POC，即 http://xx.xx.37.64:8080/reader/。首先在 Hackbar 上勾选 Post data，打开 Hackbar 的 POST 数据提交，勾选 Referer 功能。然后，如图 4-6 所示，将 POC 放入第一个方框，将 POST 数据包内容"file=info.php"放入第二个方框，将 Referer 字段 http://xx.xx.37.64:8080/reader/放入第三个方框，单击 Execute 开始验证。

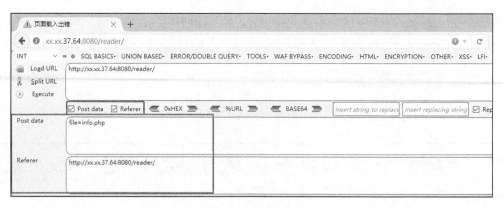

图 4-6　操作界面

4.5.2　系统漏洞验证方法

使用漏洞扫描工具扫描完系统漏洞后，工具内往往没有提供线程的 POC 验证代码，需要人工收集 POC 代码进行漏洞验证。在拿到系统漏洞的扫描报告之后，可采用如下方法进行验证。

- ○　收集漏洞名称、CVE 编号。

- ○　初步筛选可验证的漏洞。一般的漏洞扫描软件都有原理扫描功能（原理扫描就是漏洞扫描通过内置 POC 已经完成初步验证），利用原理扫描功能可以筛选出可验证的漏洞（SSL、RC4 等加密相关的漏洞除外）。

- ○　在网上搜索相关漏洞的 POC 或者复现经验，如果找不到则表明该漏洞要么不可验证，要么验证难度极大。如果可以找到相关的 POC 或者复现经验，则代表该漏洞是可验证的，这时可对该漏洞进行验证。

- ○　参考网上找到的 POC 或者复现经验进行验证。

这里以 Tomcat 文件读取漏洞（CVE-2020-1938）来进行举例。如图 4-7 所示，我们需要收集两个关键信息，分别是"CVE-2020-1938"和"原理扫描"（分别对应的是 CVE 编号和扫描的真实性）。扫描结果中包含"【原理扫描】"就代表这个漏洞需要进行验证。

我们开始验证。首先在网络上搜索 CVE 漏洞标号，如图 4-8 所示，寻找对应的漏洞验证脚本，在找到后将其下载（这里是在 GitHub 上找到了该漏洞的验证脚本）。

主机	协议	端口（服务）	漏洞类型	漏洞名称
172.16.84.19	-	8009(ajp13)	任意文件读取	Tomcat 文件读取漏洞(CVE-2020-1938)【原理扫描】
172.16.90.50	-	8009(ajp13)	任意文件读取	Tomcat 文件读取漏洞(CVE-2020-1938)【原理扫描】
172.16.91.10	-	8009(ajp13)	任意文件读取	Tomcat 文件读取漏洞(CVE-2020-1938)【原理扫描】
172.16.99.1	-	8009(ajp13)	任意文件读取	Tomcat 文件读取漏洞(CVE-2020-1938)【原理扫描】

图 4-7　漏洞读取

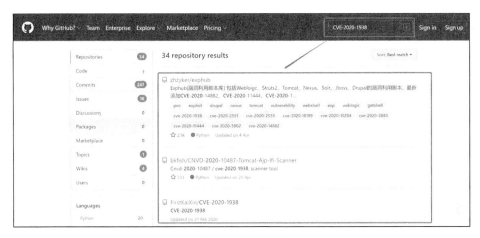

图 4-8　操作界面

然后使用 Python 进行验证，在 Python 终端输入命令：$python tomcat.py read_file--webapp=manager /WEB-INF/web.xml 172.16.84.19，最终结果如图 4-9 所示。可以看到整个代码由<?xml…?>开头，以</web-app>结尾，说明成功读取到了 web.xml 文件，漏洞验证成功。

图 4-9　验证结果

第 5 章
安全体检服务

安全体检服务是基于 CVE、CNVD、CNNVD 等漏洞数据库，通过检测等手段对指定的远程或者本地的网络设备、服务器、数据库、操作系统、中间件等进行安全弱点检测，从而发现安全漏洞的一种安全检测活动。借助安全体检服务，能够全面检测终端设备的安全隐患。

5.1 服务依据

在进行安全体检服务时，需要参照国家颁布的相关国家标准和行业规范，将其作为体检的依据。参照的相关标准、规范如下。

❍ 《信息安全技术 网络安全等级保护测试评估技术指南》（GB/T 36627-2018）。

❍ 《信息技术 安全技术 安全保障框架 第 1 部分：介绍和概念》（ISO/IEC TR 15443-1:2012）。

❍ 《信息技术 安全技术 IT 安全保障框架 第 3 部分：保障方法分析》（ISO/IEC TR 15443-3:2007）。

❍ 《信息技术 安全技术 运行系统安全评估》（ISO/IEC TR 19791:2010）。

❍ 《信息安全技术 信息系统灾难恢复规范》（GB/T 20988-2007）。

❍ 《信息技术 安全技术 信息技术安全评估准则 第 1 部分：简介和一般模型》（GB/T 18336.1-2015）。

○ 《信息安全技术 操作系统安全技术要求》（GB/T 20272-2019）。

○ 《信息安全技术 数据库管理系统安全技术要求》（GB/T 20273-2019）。

○ 《信息安全技术 网络基础安全技术要求》（GB/T 20270-2006）。

○ 《信息安全技术 信息系统通用安全技术要求》（GB/T 20271-2006）。

○ 《信息安全技术 网络安全等级保护基本要求》（GB/T 22239-2019）。

5.2 服务介绍

安全体检方式分为现场检测和远程检测两种。

○ 现场检测是指经过客户授权后，安全服务工程师到达客户工作现场，根据客户的检测目标直接接入客户的办公网络或业务网络进行检测。这种检测方式一般用于检测客户内部服务器的安全风险，其好处在于这个过程免去了安全服务工程师从外部绕过防火墙等安全设备的动作。

○ 远程检测与现场检测相反，安全服务工程师无须到达客户现场，直接从互联网访问客户的某个接入互联网的系统进行检测。这种检测方式往往应用于比较关注互联网开放服务的客户，主要用来检测互联网开放服务的安全漏洞。

就服务形式来讲，安全体检服务可分为单次服务和周期服务两种形式，客户可以根据需要选择适合自己的服务方式。

○ 单次服务适合漏洞出现不太频繁的系统及设备。在客户提供检测目标后，由安全服务工程师进行一次性检测，并在完成检测后向客户提交检测报告，然后指导客户修补漏洞。单次服务能够发现检测时间点之前的所有安全问题，有效帮助客户确认并解决系统当前面临的安全风险。

○ 周期服务适合漏洞出现较为频繁的系统及设备。服务期限一般以年为单位，安全服务工程师在服务年度内帮助客户进行有限次数（每月/双月/季度/半年）的安全检测工作，每次检测均会提供详细的检测报告，并指导客户进行漏洞修补。

5.3　服务详情

安全体检服务会对网络设备、主机、数据库、操作系统、中间件等的安全弱点以及安全漏洞进行识别，包括但不限于如下方面。

- 操作系统（包括 Windows、AIX、Linux、HPUX、Solaris 等）的系统补丁、漏洞、病毒等各类异常缺陷。

- 空/弱口令系统账户检测。

- 访问控制。例如，普通用户可写入注册表 HKEY_LOCAL_MACHINE 键值、远程主机允许匿名 FTP 登录、FTP 服务器存在匿名可写目录。

- 系统漏洞。例如，System V 系统 Login 远程缓冲区溢出漏洞，Microsoft Windows Locator 服务远程缓冲区溢出漏洞。

- 安全配置问题。例如，部分 SMB（server message block，服务器消息块）用户存在弱口令、可使用 rsh 工具登录远程系统。

- 路由器。例如，Cisco IOS Web 配置接口安全认证可被绕过，Nortel 交换机/路由器存在默认口令漏洞，华为网络设备没有设置口令。

5.4　服务流程

安全体检服务大致可以分为准备阶段、实施阶段和总结汇报阶段这 3 个服务阶段。

5.4.1　准备阶段

准备阶段是安全体检服务顺利进行的基础，在正式检测之前需要进行需求确认、获取体检资产、组建项目小组、制订实施方案、召开项目启动会、签署授权函的工作。

1．需求确认

在确认需求时，需要对下述内容进行确认。

- 确定安全体检的评估范围，主要是确定评估的系统数量及相关服务器、安全设备、网络设备等硬件设备的数量。

- 确认安全体检的实施时间，值得注意的是需要避开业务高峰期。

- 评估检测活动可能会对业务系统产生的影响，并提前与客户进行沟通确认，将对业务系统的影响降到最低。

- 确认是否适合开展弱口令探测，以及是否会有账号密码策略导致账号被封锁。

2．获取体检资产

在检测开始之前，我们需要通过沟通或调研的方式明确本次安全体检服务涉及的安全域、对应的网段地址以及需要重点关注的业务网段。

3．组建项目小组

依据本次安全体检的情况组建项目小组，小组成员应包含客户方项目负责人、客户方项目接口人、服务方项目经理、服务方安全服务工程师等。

- 客户方项目负责人主要负责协调资源，确认项目的风险，审核阶段性成果，验收项目成果。

- 客户方项目接口人主要负责协调资源，协助测试，基于检测结果修复漏洞，验收项目成果，提供网络和办公场地等支持。

- 服务方项目经理主要负责确认客户需求，按需申请资源；组建项目小组，制订项目实施方案；同客户确认风险并获取授权；组织项目启动会议；组织项目成果展示沟通会议，将潜在商机信息输出给销售/区域专员，整理项目交付材料并组织项目验收，协调人员协助服务方项目经理完成项目。

- 服务方安全服务工程师主要负责调研服务范围内资产信息，按照计划实施项目，编制并输出报告及其他成果，协助成果展示答疑等。

4．制订实施方案

根据已确定的评估范围、评估组织以及初步调研的业务现状，确定本次安全体检服务的方式以及采用的工具，制订具体的检测计划，然后交给客户方确认。

5. 召开项目启动会

召开项目启动会，明确项目背景、目标，并且告知客户风险、服务内容、服务计划、项目组织架构、实施流程、实施计划等项目关键信息，与客户方达成一致。

6. 签署授权函

明确告知客户安全评估过程中的各项风险，并与客户签署《授权函》《保密协议》。

5.4.2 实施阶段

在实施安全体检服务时，需要从技术和非技术两个方面开展工作。

- 在技术方面，需要在客户现场先检查网络连通情况，合理分配 IP 地址，确保检测工具能探测到检测范围内的所有主机，且无防火墙等安全设备进行阻拦，然后开展安全检测。如果目标系统出现无响应、中断等情况，安全服务工程师应立即中止安全检测，并配合客户进行问题排查。在确认问题原因、完成系统修复之后，根据分析结果调整检测方式，经客户再次授权同意，才会继续进行其余的检测。最后根据检测的结果出具安全体检报告。

- 在非技术方面，工具检测和安全服务工程师检测的同时，安全服务工程师需要与客户网络管理员、系统管理员进行沟通访谈，了解网络现状，梳理客户的网络结构，分析网络结构中的风险与威胁，并完成资产调研分析。

资产调研分析可以分为如下几个步骤：

（1）配置安全评估环境，将深信服安全评估工具、扫描工具接入客户的网络环境中；

（2）依据《深信服安全评估工具用户手册》完成深信服安全评估工具 TSS 的安装部署；

（3）进行安全评估并导出结果；

（4）故障处理与风险规避。

最后我们根据调研分析的结果，出具安全设备与风险对应速查一览表，如图 5-1 所示。

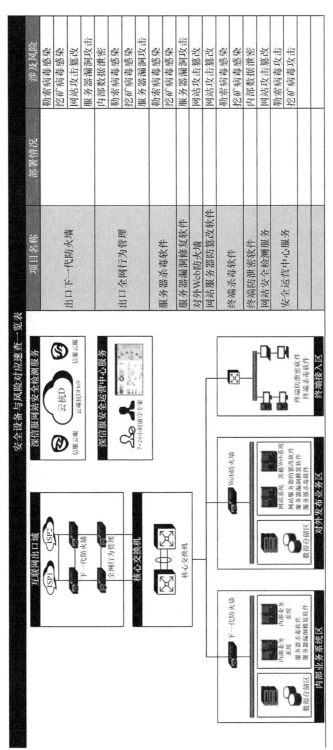

图 5-1 安全设备与风险对应速查一览表

安全设备与风险对应速查一览表

项目名称	部署情况	涉及风险
出口下一代防火墙		勒索病毒感染 / 挖矿病毒感染 / 网站攻击篡改 / 服务器漏洞攻击
出口全网行为管理		内部数据泄密 / 勒索病毒感染 / 挖矿病毒感染 / 服务器漏洞攻击
服务器杀毒软件		勒索病毒感染 / 挖矿病毒感染
服务器漏洞修复软件		服务器漏洞攻击
对外Web防火墙		网站攻击篡改
网站服务器防篡改软件		网站攻击篡改
终端杀毒软件		勒索病毒感染 / 挖矿病毒感染
终端防泄密软件		内部数据泄密
网站安全检测服务		网站攻击篡改
安全运营中心服务		挖矿病毒攻击

5.4.3 总结汇报阶段

根据实施阶段调研分析出的安全设备与风险对应速查一览表和深信服安全评估工具安全评估的风险结果报告，制订对应的解决方案，并输出到安全体检总结报告，经过修改后向客户汇报。

5.5 服务注意事项

安全体检服务是具有一定风险的测试活动，若执行不当可能导致被检测目标的服务性能下降，影响其可用性。在进行安全体检服务时，安全服务工程师还会尝试验证部分漏洞或者配置的脆弱性，这可能会与原有的管理发生冲突，因此需要在检测方案确定前进行沟通，以降低风险。在实施安全体检服务时，最好是避免业务高峰期和重要时期，而且还需要实时监控在安全体检服务过程中是否影响被检测目标业务系统的可用性。一旦出现故障应及时停止检测，并配合客户进行排查，以恢复被检测目标的业务。我们也可以通过以下方式降低安全体检过程中的各种风险。

- 使用专业设备。在进行安全体检时可采用深信服安全评估工具进行检测。深信服拥有强大的技术实力，其研发的安全评估工具在推出之后获得了用户的广泛认可，用户群体涉及运营商、金融、政府等各行各业。深信服安全评估工具工作稳定可靠，漏洞检测准确且不影响系统的正常运行，读者可以通过此专业设备进行检测。

- 规避业务高峰期。我们需要在实施时间上与客户达成共识，尽量规避在业务高峰期进行安全检测，以降低对业务系统可用性的影响。

- 对检测数据进行加密。客户提供的任何信息和安全服务工程师测试所获得的数据均属于客户的隐私数据，安全服务工程师有义务保护好这些数据，不将其泄露给第三方个人或组织。为了保证客户信息的安全性，所有安全服务工程师获得的客户数据（包括客户联系方式、被测目标的相关信息，如应用、漏洞列表等）均采用加密方式存储，并且仅在项目范围内扩散。所有与客户之间的数据交互（电话除外）均采用 SSL 加密传输，包括电子邮件传输、U 盘拷贝等。

- 管理监控相关人员。为了确保安全服务工程师严格执行客户相关信息的保密工作，服务方安排专门的管理监控人员实时监督和纠正安全服务工程师工作中可能出现的危害客户信息安全的行为。

- 详细记录操作。安全服务工程师会对服务过程中的每一个关键环节进行详细记录，包括收到客户信息的时间、工作开始和完成的时间等，以便出现意外后进行追查。

在服务过程中，安全服务工程师若需要对被检测目标进行任何操作，则必须在操作之前以电话或电子邮件等形式通知客户，在取得客户同意后开始工作。

第 6 章
安全托管服务

6.1　术语与定义

信息安全漏洞（information security vulnerability，以下简称"安全漏洞"）是指计算机信息系统在需求、设计、实现、配置、运行等过程中，有意或无意产生的缺陷。这些缺陷以不同形式存在于计算机信息系统的各个层次和环节之中，一旦被恶意主体利用，就会对计算机信息系统的安全造成损害，从而影响计算机信息系统的正常运行。

威胁是指可能对信息系统造成危害的潜在缘由。

威胁情报是指某种基于威胁信息的知识、机制、标识、含义和能够执行的建议。这些知识与资产所面临的威胁或危害相关，可用于资产相关主体对威胁或危害的响应或为进行处理决策提供信息支持。业内普遍认知的威胁情报可以认为是狭义的威胁情报，其主要用于识别和检测威胁的失陷标识，如文件哈希值、IP 地址、域名、程序运行路径、注册表项等，以及相关的归属标签。

持续攻击是指对特定对象展开的持续有效的攻击活动。

安全用例是一种基于复杂安全场景下的分析规则，用于在海量碎片化、看似无关联的信息中分析出真实的安全威胁。

事件响应指导手册是指安全专家凭借对各类安全事件的深入理解，以及丰富的实战经验总结出来的一种事件响应最佳实践，帮助从业人员提升安全事件响应的效率和处理安全事件的专业度。

黑客泛指对网络或联网系统进行未授权访问，但无意窃取或造成损坏的人。黑客的动机被认为是想了解系统如何工作，想证明或是反驳现有安全措施的有效性。

信息安全事件是由单个或一系列意外的、有害的信息安全事态组成的，信息安全事件极有可能危害业务运行和威胁信息安全。

攻击是指在信息系统中，对系统或信息进行破坏、泄露、更改或使其丧失功能的尝试（包含窃取数据）。

6.2　安全现状分析

我们来了解一下当前网络的安全现状，具体内容如下。

1．威胁快速升级，安全产品无法持续有效

近几年，随着区块链、勒索病毒等新型技术和威胁的出现，整个黑产发生了很大的变化：勒索病毒改变了获利模式，随区块链产生的比特币改变了交易模式。两者的结合导致安全事件的发生频率大大提高，也使得攻防对抗更加不对等。

在 2019 年，CNCERT 捕获勒索软件近 14 万个，勒索软件的数量总体呈现快速增长趋势。勒索软件 GandCrab 一年时间内就出现了约 19 个版本，其更新迭代速度远超安全产品的更新迭代速度。此外，伴随"勒索软件即服务"产业的兴起，活跃勒索软件数量同样呈现快速增长趋势，且更新频率和威胁影响范围都大幅度增加，导致网络安全面临极大的挑战。

根据 Verizon 于 2019 年发布的数据泄露调查报告，攻击者启动攻击到攻击成功往往只需要几分钟甚至几十秒。针对这些攻击事件，防守方的平均检测时间及平均处置时间却越来越长，普遍需要几周、几个月才能发现攻击行为并加以处置。

2．监管要求趋严，组织自身无法独立应对

随着网络空间战竞争越来越激烈，网络安全已经提升到了国家安全的层面。国家安全

战略的落实，给我们的网络安全工作带来了多方面改变。

大量的法律、法规不断完善，要求越来越严。《中华人民共和国网络安全法》已于 2017 年 6 月 1 日正式实施，其中规定了针对违法行为可直接处罚相关组织和相关人员，并且这是首次在法律中明确国家实行网络安全等级保护制度。随后，"网络安全等级保护 2.0 系列国家标准"（简称为"等保 2.0 系列标准"）陆续正式发布，并于 2019 年 12 月 1 日起正式实施。等保 2.0 系列标准成为我国网络安全领域的基本标准。等保 2.0 系列标准相较于以往的等保标准更加注重全方位主动防御、动态防御、整体防控和精准防护，实现了对云计算、移动互联网、物联网、工业控制系统、大数据等保护对象的全覆盖，以及除个人及家庭自建自用网络之外的领域全覆盖。

实战攻防演习行动常态化，网络安全保障压力越来越大。历年针对关键信息基础设施的实战攻防演习的目标范围有增无减，演习参与组织的数量均属空前，组织内部安全保障压力较大。演习的本质是以实战性的检验方法检验各组织的真实信息安全防护水平，大量被攻破的案例告诉我们，真实安全防护水平的提升依靠现有安全产品的同时更需要高级安全专家的经验，二者相结合才能更好地发挥出现有防护体系的效果。

6.3　服务概述

本节将对安全托管服务进行概述。

6.3.1　服务概念

安全托管服务（managed security service，MSS）通过云端安全运营中心三级专家团队（T1、T2、T3）有效协同，结合技术（平台+工具）与流程 SOAR（security orchestration, automation and response，安全编排、自动化及响应）打造的"人机共智"模式，7×24 小时持续性开展网络安全保障工作，与客户一同构建持续、主动、闭环的安全运营体系。MSS 围绕资产、漏洞、威胁、事件这 4 个要素，针对资产进行安全评估与管理，针对漏洞进行持续检测与管理，针对威胁进行主动响应与处置，针对事件提供攻防对抗与安全培训，帮助客户实现风险可控、能力提升、价值可视，最终实现保障网络安全"持续有效"的目标。

6.3.2 服务必要性

MSS 的必要性主要体现在以下两点。

1. 现有建设思路无法达到安全预期

随着《中华人民共和国网络安全法》的正式实施，网络安全的重要性显著提高。根据调研，很多组织网络安全的建设工作存在误区，其中"重建设、轻运营"最为明显。众多组织的安全建设集中在安全设备采购，部署后缺乏专人运转，导致发生安全事件时不能及时发现和动态防护；日常安全工作受限于人力和技术资源，安全运营经验不足，导致安全效果无法达到预期。

2. 诸多实际安全问题难解决

安全不是一蹴而就的事，安全工作始终贯穿日常的工作中。在实际工作中，客户的诸多实际安全问题难以解决，具体如下。

- 资产管理困难，内部资产数量不清楚，资产变动无感知。
- 防御边界模糊，业务交互复杂，暴露面过多，给攻击者留下大量机会。
- 脆弱性难修复，存在大量脆弱性问题，修复措施难推进，修复状态无管理。
- 防守策略无效，安全策略配置依赖工程师的主观判断，策略有效性难以保障。
- 事件响应被动，安全事件的发生摸不着、看不见、处置难、损失大，难以主动发现、快速止损。
- 高端人才紧缺，缺乏专业的安全人才，且高端人才对薪资要求高，招聘难度大。

为了解决以上问题，深信服基于"人机共智"理念提出安全托管服务，通过把安全专家资源池化的方式，让更多的客户能随时享受到安全专家的服务。同时，深信服将安全专家的经验固化到安全运营平台中，实现精准的监测告警并输出专业的处置建议，达到"人机共智"的效果。

6.3.3　服务收益

资产、漏洞、威胁、事件是信息安全风险的核心影响因子。例如威胁是信息安全工作中无法回避的问题，业务系统上线后必定面临各种各样的威胁（如漏洞），因为业务系统本身必然会存在脆弱性，攻击者利用这些脆弱性开展攻击，一旦攻击成功便形成安全事件，可能造成长时间的业务中断、严重的经济损失或社会影响。

MSS 可帮助客户构建持续（7×24 小时）、主动、闭环的安全运营体系。安全运营体系的具体运营指标为：

- ❍ 组织内部重要资产的漏洞闭环处置率越来越高；
- ❍ 安全威胁的发现时间越来越短，发现速度越来越快；
- ❍ 安全威胁的响应时间越来越短，响应速度越来越快；
- ❍ 产生危害的安全事件的数量越来越少，最后在可接受的范围内波动；
- ❍ 产生危害的安全事件的处置率越来越高。

这些具体的运营指标意味着组织内部的安全体系正在健康、有效地运转，因漏洞、威胁带来的风险越来越少，安全运营成熟度不断提高。

6.4　实施标准和原则

本节将对 MSS 实施所参考的标准和原则进行说明。

6.4.1　政策文件或标准

MSS 实施标准主要是参考以下国内、国际相关的标准或框架制订的。

- ❍ 《信息技术　安全技术　信息安全事件管理指南》（GB/T 20985-2007）。

○ 《信息安全技术 信息安全风险处理实施指南》（GB/T 33132-2016）。

○ 《信息安全技术 信息系统安全运维管理指南》（GB/T 36626-2018）。

○ 《信息安全技术 网络安全威胁信息格式规范》（GB/T 36643-2018）。

○ 自适应安全框架（adaptive security architecture，ASA）。

○ ATT&CK（adversarial tactics, techniques, and common knowledge，对抗战术、技术和常识）模型。

6.4.2 服务原则

为保证信息系统的正常运行，并且保证服务效果，MSS 工作严格遵循以下原则。

○ 标准化原则：严格遵守国家和行业的相关法规、标准，并参考国际的标准来实施。

○ 业务主导原则：MSS 主要围绕信息系统所承载的业务开展工作，其保障核心是信息系统所承载的业务和业务数据，这种以业务为核心的思想将贯穿整个安全工作过程。

○ 规范性原则：制订严谨的工作方案，通过规范的项目管理严格管控人员、项目实施环节、质量保障和时间进度等。

○ 保密性原则：确保涉及客户的任何保密信息不会泄露给第三方个人或组织，不得利用这些信息损害客户利益。

○ 最小影响原则：服务工作实施时将对系统和网络的正常运行可能造成的影响降到最低，不对网络和业务系统的正常运行产生显著影响，同时在工作实施前做好备份，准备好应急措施。

○ 互动性原则：与客户（安全管理员、系统管理员、普通用户等相关工作人员）共同参与服务交付的整个过程，从而保证项目执行的效果并提高客户的安全技能和安全意识。

6.5 服务详情

本节将对 MSS 的详情进行讲解。

6.5.1 服务范围

MSS 以资产数量作为服务范围。资产越多，安全组件所触发的安全日志、安全问题及后端服务人员的工作量越多；资产越少，安全组件所触发的安全日志、安全问题及后端服务人员的工作量越少。

对于服务的资产数，MSS 的提供者和使用者应严格按照双方签署的正式合同中的资产数量作为衡量标准。

6.5.2 服务方式

MSS 通过在客户网络环境中部署可按需选择的安全组件，进行必要的安全日志及流量收集，然后对这些数据进行脱敏、加密处理之后，再对接到安全运营平台，来保障数据的完整性、可用性、机密性。

安全运营平台基于内置的人工智能算法和安全用例对安全日志进行汇总、归类、研判，高级安全专家基于安全运营平台为客户提供 7×24 小时的服务。当监测到安全事件时，安全运营平台将自动生成工单并实时通知云端资深服务专家 T2 介入。云端资深服务专家 T2 按照标准化流程开展安全事件的研判、分析和响应工作。云端首席服务专家 T3 作为 T2 的后端资源，为 T2 提供强大的技术支援，确保每种类型的安全事件都有专业知识的安全专家来解决。

最后，T2 会将含有事件处置建议的工单同步给安全工程师组（线上和线下），由本地安全服务工程师 T1 和云端分析师 T1 将事件告警给客户，同客户一起进行后续的处置、加固、恢复等工作。

在此过程中，深信服自研的安全运营平台提供了服务可视化，让客户全程了解服务进度，如图 6-1 所示。

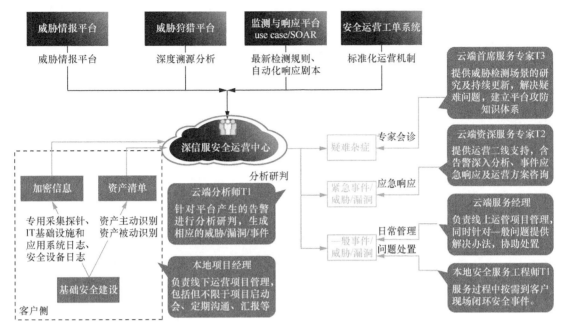

图 6-1　服务方式

6.5.3　服务流程

MSS 交付流程严格遵循项目管理流程，按照项目启动阶段、运营准备阶段、持续运营阶段和项目结项阶段这 4 个阶段开展交付工作，具体内容如下。

1. 项目启动阶段

在项目启动阶段，主要是完成项目相关方需求识别、输出服务交付方案、建立交付管理计划等，最终与项目相关方就项目需求和项目开展计划达成一致，并获取相关方的认可和支持。

在项目启动阶段，主要进行的服务项如下：

○　项目立项；

○　组建项目团队；

- 组织内部项目启动会，就客户需求、项目合同、项目实施计划等进行确认；

- 输出服务交付方案及交付计划；

- 组织外部项目启动会，与客户就项目需求、项目开展计划等达成一致。

2．运营准备阶段

在运营准备阶段，服务交付工作的主要目标是完成基础运营条件的准备工作，厘清当前安全运营现状，制订下一阶段安全运营策略。该阶段包含服务上线、首次分析与处置 2 个子阶段的内容，下面我们分别看一下。

首先是服务上线工作。服务上线工作主要包含服务资产梳理、服务组件部署和接入运营中心 3 个部分，实现这 3 个部分的具体步骤如下。

（1）首先要完成的就是资产识别、资产录入和资产全生命周期的追踪管理，为后续运营工作开展提供清晰的信息资产信息，减少僵尸资产和安全暴露面。有别于风险评估中的信息资产梳理，资产安全治理需要结合人工和技术手段，有效地识别除资产 IP 地址、端口、责任人之类的基础信息以外的应用程序版本信息、系统版本信息等资产指纹信息，同时做好资产暴露面清点、网络边界梳理等工作，扫除僵尸资产。

（2）资产梳理完成后，将准确的服务资产信息录入安全托管服务平台，然后将部署在网络中的安全态势感知组件、边界安全防护组件、终端安全管理组件、漏洞扫描组件接入安全运营中心，同步安全日志信息，为后续持续运营做好准备。

（3）接下来，本地安全服务工程师使用扫描工具执行资产存活信息探测和暴露面检查，并结合客户自身维护的资产信息表，与业务系统维护人员共同确认最终的资产信息表，由安全运营工程师录入服务目标资产到安全运营平台上以提供后续运营工作开展的必要基础信息支撑。

（4）完成资产梳理后本地安全服务工程师在安全组件上线正常运行之后，通过安全运营工程师开通的客户专属接入账号，配置安全组件接入运营中心，然后检查安全组件的检测和防护策略配置是否齐全并正常生效，安全运营工程师确认安全组件的日志信息上报正常即可完成组件上线工作。

首次分析与处置的服务内容主要包括首次威胁分析、首次威胁处置和遗留问题持续运营 3 个方面，具体如下。

（1）首次威胁分析的服务内容主要包括资产漏洞扫描、业务脆弱性分析、资产潜在风险分析 3 个方面。

- ○ 资产漏洞扫描：服务上线后，针对服务资产利用漏洞扫描工具进行漏洞扫描，输出漏洞清单，安全服务专家对扫描出来的漏洞进行威胁分析和重要程度排序。漏洞扫描范围包含网络中的核心服务器、重要的网络设备和 Web 业务系统，如服务器、交换机、防火墙等。

- ○ 业务脆弱性分析：云端安全专家结合服务资产的业务特征和安全态势感知平台的全流量分析日志，综合分析业务资产存在的弱口令和明文传输等脆弱性问题，并执行脆弱性风险分析，对脆弱性问题进行排序，输出首次上门处置问题记录表。

- ○ 资产潜在风险分析：云端分析师 T1 专家通过安全运营大数据平台，综合分析安全组件上报的安全日志和主机内外部的访问行为日志，结合安全运营平台的安全用例和威胁情报消息，输出《首次分析与处置报告》。

（2）首次威胁处置的服务内容主要包括脆弱性加固和潜在威胁处置两个方面。

- ○ 脆弱性加固：针对《漏洞清单》中急需修复的脆弱性问题输出可落地的加固方案，云端和现场安全专家配合业务系统运维/开发人员进行脆弱性问题安全加固。安全加固范围包含但不限于补丁修复、系统配置修改、边界安全策略加固等。关于脆弱性问题的处置，需要针对内网脆弱性，在安全专家分析研判后提供实际佐证材料，并给出修复建议。

- ○ 潜在威胁处置：针对病毒类事件，安全运营工程师提供病毒处置工具并主导查杀 10 个实例。若超过 10 个实例，安全运营工程师固化出实际可行的措施，确保客户可进行病毒查杀。关于入侵攻击行为的处置，我们需要分析研判确认的入侵行为，根据安全专家给出的策略调整建议。如果有深信服下一代防火墙 AF 等，在获得客户授权后，可以在服务时间内由安全运营工程师调整安全策略。

（3）在实际执行的过程中，由于系统开发/维护困难、缺乏备份回退保障、修复风险不可估量等原因，首次上门处置问题记录表中的安全脆弱性问题将存在较多的无法执行修复方案的问题，因此我们会建立问题跟踪表进行持续跟踪，直至该脆弱性问题对全网信息资产不造成实质性威胁为止。

现场安全服务工程师配合客户完成首次威胁处置工作，并将首次处置遗留问题列入问题跟踪表提交给安全运营工程师和客户，进入后续持续运营阶段。

3. 持续运营阶段

运营准备阶段相关服务内网内容完成之后进入持续运营阶段。持续运营阶段的主要服务内容包括资产管理、脆弱性管理、威胁管理和事件管理。

资产管理服务是现场安全服务工程师 T1 根据客户提供的资产清单，结合安全运营工程师提供的资产管理表，使用深信服安全评估工具、云眼等工具进行资产梳理。梳理完成并与客户确认无误后，我们将资产信息确认表提供给安全运营工程师，由安全运营工程师录入安全托管服务平台。安全运营工程师会持续关注客户的资产变更情况和存活情况，并与客户进行确认，完善资产信息。

资产录入完成之后，安全运营工程师会定期通过资产扫描工具对目标资产 IP 地址、端口、系统版本、中间件等资产信息进行指纹识别，并对比现有资产信息，实现资产管理的动态补充。日常运营工作中的服务资产管理内容主要包含以下几个方面。

- 资产定期识别与更新，制订资产定期探测计划，结合安全托管服务平台基于全流量的被动资产识别，进行资产信息比对，持续发现新增和变更的资产信息，避免僵尸资产的产生。

- 资产变更管理，结合资产管理服务流程，帮助客户在资产发生变更时及时更新资产信息，避免资产信息跟实际情况不一致的情况发生。

在资产管理阶段，我们最终需要输出服务资产信息表。

脆弱性管理服务是将《漏洞清单》中的漏洞信息与资产信息通过漏洞管理平台进行统一关联、展示与追踪，使得管理人员可以有效地追踪资产漏洞全生命周期，实现漏洞信息全生命周期的可视、可控和可管。

安全运营工程师每月使用云镜工具对客户资产进行漏洞扫描，并对漏洞的优先级进行分类且将合适的漏洞处置方法交付客户，同时每周会跟进漏洞的处置情况直到漏洞闭环。若客户漏洞修复存在困难，安全运营工程师会协助客户进行修复，无法远程的环境会协调现场安全服务工程师 T1 上门协助客户处理。

脆弱性管理服务内容主要包括两方面：脆弱性分析和最新漏洞预警与响应。

脆弱性分析的服务内容主要包括以下 9 点。

- 制定漏洞扫描策略：根据运营机制规划，确定扫描的深度、时间周期等，并制定漏洞扫描策略。

- 执行漏洞扫描：通过扫描器进行 Web 漏洞扫描、系统漏洞扫描、弱口令监测。

- 执行安全威胁分析：对安全态势感知平台和终端安全管理工具上报的脆弱性问题进行综合分析，并对监测到的安全威胁进行分析。

- 执行漏洞验证：针对发现的漏洞进行验证，验证漏洞在已有的安全体系下产生的风险，分析风险发生后会造成的危害。

- 漏洞重要性排序：基于漏洞扫描结果、资产重要性及漏洞的威胁情报，对漏洞进行重要性排序，确定修复的优先级。

- 制订漏洞分类处置方案：对漏洞进行分类并完成漏洞分类处置方案。

- 协助修复漏洞：协助客户进行漏洞修复加固，包括安全策略、漏洞补丁等。

- 漏洞复测：漏洞修复完成后进行复测，并关闭漏洞工单。

- 漏洞闭环服务结果汇报：输出漏洞闭环服务报告，并向管理人员进行汇报。

最新漏洞预警与响应的服务内容主要包括以下 4 点。

- 资产比对：梳理清楚单个资产详情，包含操作系统、中间件、数据库、应用框架、开发语言等指纹信息，由安全运营工程师进行人工比对。

- 最新漏洞预警和排查：实时抓取互联网最新漏洞与详细资产信息进行匹配，对最新漏洞进行预警与排查，并且预警信息中包含最新漏洞信息、影响资产范围。

- 最新漏洞处置指导：一旦确认漏洞影响范围后，安全运营工程师将提供专业的处置建议，处置建议包含补丁方案和临时规避措施。

○ 最新漏洞状态跟踪：由安全运营工程师对该最新漏洞建立状态追踪机制，跟踪漏洞修复状态和遗留情况。

威胁管理服务是云端分析师对工单告警并进行分析研判，确认工单非误报后，推送给安全运营工程师。安全运营工程师进行二次确认，确认无误后推送威胁预警给客户，同时根据客户需要协助客户进行处置，并持续关注威胁事件的处置进展，直至处置完成。若安全运营工程师处置有难度，会请求云端资深服务专家协助处置，保障事件能够闭环。针对一周没有工单告警或有满意度风险的客户，安全运营工程师会反馈给云端资深服务专家进行威胁狩猎，手动挖掘威胁风险通报客户，保障安全效果。

威胁管理服务基于"人机共智"模式，对不同安全设备的安全日志、流量进行关联分析，通过安全专家主动识别网络和主机中的安全威胁，主动响应，协助单位闭环处置安全事件。通过在组织建立威胁 7×24 小时的持续监测机制，帮助组织将信息安全事件关口前移，并提供安全威胁的修复协助与指导，具体的服务内容包括以下几点。

（1）威胁分析和预警：该服务是结合大数据分析、人工智能技术进行安全事件发现。实时监测网络安全状态，发现各类安全事件，并在安全托管服务平台自动生成工单。安全运营工程师针对每一类威胁工单，进行深度分析验证，分析判断是否存在其他可疑主机，将深度关联分析的结果告知客户。

（2）流行威胁通告与排查：结合威胁情报，云端资深服务专家排查是否对客户资产造成威胁，然后通知客户，协助客户及时进行安全加固。

（3）主动响应服务。其中，主动响应服务分为以下内容。

○ 策略调配：新增资产、业务变更策略调优服务，业务变更时策略随业务变化而同步更新。

○ 策略定期管理：安全专家每月对安全组件上的安全策略进行统一管理，确保安全组件上的安全策略始终处于最优水平，面对威胁能起到最好的防护效果。

○ 策略调整：安全专家根据安全事件分析的结果和处置方式，按需对安全组件上的安全策略进行调整。

- 针对性或高级黑客攻击的封锁服务：利用大数据机器学习算法和全网大数据分析，根据黑客地理位置、时间隐蔽性、攻击手法、攻击范围、持续时间等建立高危黑客模型形成黑客画像。当发现有针对性或高级黑客正在攻击所保护的客户时立刻采取行动，封锁黑客行为。

- 针对病毒类的安全事件：安全专家提供病毒处置工具，并针对服务范围内的业务资产使用病毒处置工具进行病毒查杀；对于服务范围外的业务资产，安全专家协助客户查杀病毒。

- 针对攻击类的安全事件：通过攻击日志分析发现持续性攻击，立即采取行动实时对抗，当客户无防御措施时，提供攻击类安全事件的处置建议。

- 针对漏洞利用类的安全事件：安全专家验证该漏洞是否利用成功，提供工具协助处置。

- 针对失陷类的安全事件：安全专家协助客户处置，并提供溯源服务。

事件管理服务，根据安全事件的应急管理体系，可将安全事件分为一般事件和重大事件。如果发生重大事件，我们会为客户提供应急响应服务，具体内容见第 7 章。

应急响应服务是为客户提供 7×24 小时的应急技术支持服务，并明确了联系人和联系方式，若组织遇到如发生网络入侵事件、大规模病毒暴发、遭受拒绝服务攻击等突发的无法及时处理或解决的安全事件，在收到组织应急响应服务请求的告警信息后，深信服技术专家将在 4 小时内赶到现场，协助系统管理人员查明安全事件原因，确定安全事件的威胁和破坏的严重程度，解决出现的问题。

4. 项目结项阶段

项目结项阶段的服务内容包括运营成果输出和总结与优化设计。

- 运营成果输出。运营服务阶段性交付及最终交付完成后，输出《安全运营总结报告》。该报告的内容包含资产管理工作情况汇报、脆弱性管理工作情况汇报、威胁管理工作情况汇报、事件管理工作情况汇报。安全运营工程师与客户明确各项工作在上一服务周期开展的成果与遗留问题，为后续安全运营工作的开展提供指导性输入。

- 总结与优化设计。总结与优化设计主要是综合分析上一服务周期安全运营工作中存在的不足与遗留问题，结合客户方安全管理人员、网络运维人员、业务系统运维人员的实际工作情况，梳理安全运营工作执行的难点，共同优化运营落地措施，为后续安全运营的持续落地提供优化的解决方案。

6.6　服务工具与关键技术

深信服安全托管服务工具由两部分组成。

- ❑ 部署于云端的安全运营平台：依赖大数据和人工智能技术完成海量日志关联分析，有效识别客户网络威胁。

- ❑ 部署在客户环境的服务组件：用于收集客户全网流量及日志，并以加密、脱敏等方式传输到安全运营平台。

深信服安全运营平台开放的数据接入能力能够有效兼容客户环境的各种安全产品日志，同时借助云端强大的威胁情报能力，对数据进行关联分析。同时基于业界最佳实践的安全用例检测，加上云端安全专家的丰富研判经验，帮助客户输出精准的威胁告警。安全运营工程师根据预定义的事件响应指导手册实现快速处置，第一时间遏制并消除安全事件带来的风险。

6.6.1　安全运营平台

安全运营平台是安全托管服务的底层支撑平台，主要分为数据采集、数据预处理、数据存储与检索、安全分析与响应以及安全服务平台，如图 6-2 所示。

- ❑ 数据采集：目前安全运营平台支持通过 Syslog、SNMP、JDBC、ODBC、Web 服务、TCP/UDP 等方式采集安全数据。

- ❑ 数据预处理：安全运营平台将采集的安全数据进行数据标准化、数据清洗、数据合并、关联补齐以及增加数据标签等操作，形成标准化、高质量的安全数据。

- ❑ 数据存储与检索：安全运营平台采用 Elasticsearch 对标准化、高质量的安全数据进行存储与检索，同时使用非结构化数据库 MongoDB，在安全事件分析过程中支撑文件的存储与检索。

图 6-2　安全运营平台

- ○ 安全分析与响应：深信服在安全运营平台中集成 SOAR、安全用例和事件响应指导手册等技术，确保分析高效、精准。同时面向安全专家提供大数据威胁狩猎平台，用于安全事件的溯源分析、潜伏威胁分析。

- ○ 安全服务平台：是安全运营平台的对外呈现层，主要有用户安全运营中心、深信服安全托管服务平台及合作伙伴联合运营服务平台。

6.6.2　运营组件

安全运营平台的运营组件包括下一代防火墙 AF、安全感知平台、终端检测与响应（EDR）系统、漏洞与资产分析工具、连接器。

1. 下一代防火墙 AF

深信服下一代防火墙 AF 基于大数据驱动，以人工智能算法为基础，构建了融合安全的网络侧防护技术，防火墙通过多种安全能力的融合实现事前风险预知、事中完整防护、事后检测及响应的闭环。在安全托管服务中，下一代防火墙 AF 是核心组件之一，它将安全日志信息同步到安全运营中心，由安全运营平台生成服务工单，并触发后续服务流程。

2．安全感知平台

安全感知平台以全流量分析为核心，结合威胁情报、行为分析建模、用户和实体行为分析技术、失陷主机检测、图关联分析、机器学习、大数据关联分析及可视化平台等技术，对全网的流量实现全网业务可视化、威胁可视化、攻击与可疑流量可视化，解决安全黑洞与安全洼地的问题。同时，借助安全感知平台强大的对接能力，对不同安全设备的安全日志进行采集与处理，解决跨不同安全设备的日志分析问题。

安全感知平台是安全托管服务的核心组件之一，通过采集流量、攻击、漏洞等信息统一上报到安全运营平台，由安全运营平台生成服务工单，并触发后续服务流程。

3．EDR 系统

深信服 EDR 系统是由轻量级的端点安全软件和管理平台软件共同组成。EDR 系统的管理平台软件支持统一的终端资产管理、终端安全体检、终端合规检查，同时支持微隔离的访问控制策略统一管理，支持对安全事件的一键隔离处置，以及热点事件的全网威胁定位、历史行为数据的溯源分析、远程协助取证调查分析。端点安全软件支持防病毒功能、入侵防御功能、安全防护隔离功能、数据信息采集上报、安全事件的一键处置等。

深信服 EDR 系统是安全托管服务的服务组件之一，它可采集终端的安全状态，并上报到安全运营平台。同时，当检测到威胁时，安全专家将通过 EDR 系统进行快速响应。

4．漏洞与资产分析工具

云镜安全风险评估系统（简称为"云镜"）是深信服结合多年的漏洞挖掘和安全服务实践经验，自主研发的新一代漏洞风险管理产品。云镜能够帮助客户识别和发现网络中的各类资产，高效、全面、精准地检查网络中的各类脆弱性风险，根据扫描结果提供验证方案，辅助验证漏洞的准确性，并提供专业、有效的安全分析和修补建议，全面提升客户网络环境整体的安全性。

云镜以综合的资产指纹库、漏洞规则库、弱口令字典、基线配置模板等作为基础，主要具备如下 5 个基本功能。

- 资产发现：帮助客户对自己的信息资产由底层设备系统、操作系统到上层端口服务、业务应用进行画像，让客户快速发现自己的资产，并对资产指纹进行全面梳理。

- 系统漏洞扫描：针对网络中的各种主机、路由器、交换机、安全设备、中间件的常见典型漏洞以及 0day 漏洞等进行扫描，帮助客户发现系统漏洞，并给出修复建议。

- Web 漏洞扫描：针对各类 Web 应用漏洞进行扫描，覆盖 OWASP TOP 10 及 WASC 等主要标准定义的漏洞类型，通过专业的修复建议和报告，帮助客户闭环 Web 漏洞问题。

- 基线配置核查：支持针对各类操作系统、数据库、中间件等的配置基线进行核查，对标网络安全等级保护二级、三级基线配置模板，检查各类系统、设备的配置合规性。

- 弱口令扫描：通过对百亿级社会工程学库字典进行大数据分析，形成高发弱口令字典，通过这些字典对内网进行弱口令猜解。

5. 连接器

连接器一般部署在客户环境的内网服务器区域，通过多种方式（API 接口、Syslog 等）搜集客户环境的各类安全产品日志。连接器目前已可以支持 760 种第三方设备的日志格式，并可以根据客户业务环境的情况制定日志保存策略以满足合规审计需求。同时，与威胁监测相关的数据经过解析过滤、格式化、归并去重、缓存转发等步骤后，通过加密的 SSL 安全通道上传到安全运营平台，确保数据传输过程的安全性。

需要注意的是，如果客户已经有安全感知平台，可以不用部署连接器。

6.6.3 SOAR 技术

SOAR 技术使组织能够收集不同来源的安全威胁数据和告警信息，并利用专家与机器的组合来对这些信息执行事件分析和分类，并定义标准工作流、从而根据标准工作流来定义、确定优先级并推动标准化事件的响应活动。

SOAR 技术框架包含了优先顺序、检测、分类分诊和响应等要素。优先顺序可让消息根据商业情报、事件的风险大小、危害程度来决定事务的处理顺序；检测是指对接收的事务进行决策；分类分诊有助于更快、更准确地发现和验证不良内容，以便遏制和补救；响应是 SOAR 技术的最后一步，是指执行必要的操作来控制潜在风险。深信服将安全专家和技术通过 SOAR 技术编入业务流程，确保安全事件响应的及时性、标准性和专业性。

6.6.4　基于 ATT&CK 构建的安全用例

ATT&CK 是当前最流行的威胁检测框架，这个框架系统描述了黑客攻击过程的 12 个阶段，收录了所有已知的黑客攻击手法，由全球顶尖攻防专家共同维护。

深信服凭借自身 20 年的安全技术沉淀，对标 ATT&CK 框架，由深信服安全服务研发团队打造精准的安全用例，用于在海量碎片化、看似无关联的信息中分析出真实的安全威胁。目前深信服安全托管服务平台已具备全面的网络检测和端点检测能力，结合云端强大的威胁情报能力、人工智能能力以及专家研判能力，输出精准的告警研判信息。

6.6.5　基于安全专家实战经验固化的事件响应指导手册

深信服安全运营平台具备三级安全专家团队。目前，安全专家团队已经服务超过上千家客户，对攻击者的攻击行为、特征以及防御措施有深刻的理解和丰富的实战经验。深信服将安全专家团队的实战经验总结到安全运营平台中，并借助 SOAR 技术编排成标准的工作流程，在工作流程中内置安全处置指导，确保每类安全事件都能得到专业的响应。

6.6.6　基于安全云脑的威胁情报关联分析技术

安全云脑是深信服内部多个安全实验室联合打造的威胁情报平台，采用独特的降误报技术，结合高质量的企业环境的威胁情报白名单，业界威胁情报平均误报率在 2%左右，而深信服的误报率能够稳定控制在 0.5%以内。

威胁情报平台每天都会接收分布在全国各地的大量安全设备提供的海量多元化数据，为了使威胁情报平台能高效地处理这些数据，针对不同类型的数据，深信服会选取其中的关键维度用作后续的分析工作。例如，HTTP 请求/响应中的可疑头部、DNS 请求/响应中的应答类型与应答内容等。

6.7 产品服务

下面我们介绍深信服安全服务相关产品服务。

6.7.1 安全托管服务

深信服是首家基于独创的"人机共智"模式,应用人工智能技术实现自动化平台,使用"产品+平台+专家"的模式为全国客户提供专业的安全托管服务的安全服务提供者。

深信服安全运营中心目前具备 100 个以上的专家坐席,确保安全托管服务的客户可随时享受安全专家团队的服务,并设置有监控大屏、分析大屏、通报预警大屏,如图 6-3 所示。

图 6-3　安全运营中心

持续服务的好处是可以贯穿安全事件的生命周期,为防御提供参考。深信服利用安全运营中心帮助客户持续进行安全监测,时刻洞悉网络的事件根因,在威胁未发生之前实现精准预警,并进行安全策略调整。安全运营工程师对已确定的安全威胁进行持续监测,并进一步验证策略的有效性,从而实现主动快速响应,精准拦截黑客攻击,保障目标的网络安全。

近期统计发现,大部分的攻击者习惯在夜间展开非法活动,而夜间客户内部的业务系统恰恰是安全防护水平最薄弱的时候。例如,无人对安全事件进行分析和处置,安全策略无法动态调整。深信服提供 7×24 小时安全专家值守,确保任何时刻均有安全运营工程师值守,有效对抗攻击者夜间的攻击行为。

6.7.2　精准预警与极速响应

单一时刻的安全日志无法描述整个攻击行为的全过程,持续地监测有助于安全运营工程师了解攻击行为当前所处的状态以及下阶段采取的攻击方式,实现精确预警。同时,基于持续的服务,安全运营工程师可以清晰了解客户的网络安全情况以及资产所面临的潜在安全威胁,并在后续持续的监测中发现新的安全威胁。当攻击行为发生质变或量变时,安全运营工程师第一时间响应并对安全威胁的根因进行排查与处置。

6.7.3　服务过程可视化

以往,安全服务通常存在服务过程不可视的问题。对服务购买方来说,无法实时掌握第三方服务过程,导致服务效果无法把控。为了解决以上问题,深信服使用服务监控大屏将整个服务过程可视化,让服务购买方及时了解服务过程中各个阶段的服务进度以评估服务效果,如处置中失陷事件的数量、拦截攻击威胁的数量、未修复漏洞风险的数量、安全工单的处理进度等,如图6-4所示。

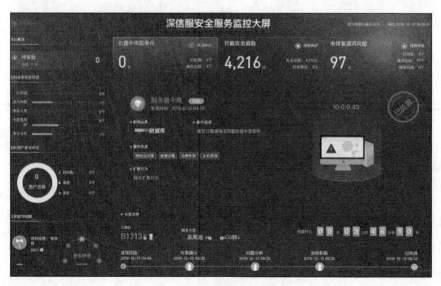

图6-4　安全服务监控大屏

同时,深信服自主研发了安全运营工程师服务 KPI 监控平台,对线上安全运营工程师的服务进行全面监控,保障服务的及时性和有效性,如图6-5所示。

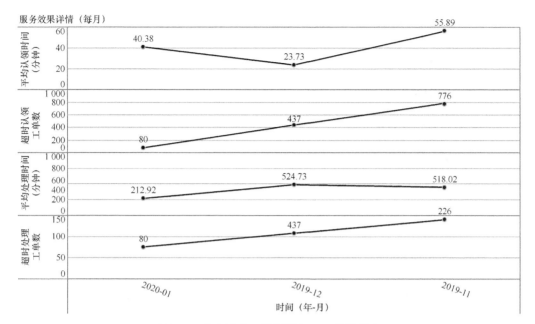

图 6-5　安全运营工程师服务 KPI 监控平台

6.7.4　工单管理系统

为了做好服务质量的把控，深信服针对每一类安全事件工单都有固定的处置流程。安全运营工程师必须严格按照既定的处置流程处置该安全事件才能完成闭环，这使得安全服务效果不再千人千面，确保服务质量满足客户需求。

6.7.5　安全资质

经过二十多年的发展，深信服的技术专业性得到业界和相关单位的认可，并建设了下一代互联网信息安全技术国家地方联合工程实验室、广东省智能云计算工程技术研究中心等科研中心。目前深信服已经具备如下安全资质：

❑ CSA 国际云安全联盟 CS-CMMI5 认证（云安全能力最高级别证书）；

❑ 微软安全响应中心发起的 MAPP 计划成员；

❑ 中国反网络病毒联盟 ANVA 成员单位；

❑ 国家信息安全漏洞共享平台（CNVD）技术组成员；

- 国家信息安全漏洞库（CNNVD）技术支撑单位等级证书（二级）；

- 售后服务体系通过 ISO 9001 认证；

- CVE 漏洞兼容性认证；

- 国家规划布局内重点软件企业；

- 国家级高新技术企业；

- 深圳市重点软件企业；

- 国家保密局涉密信息系统资质；

- 国家商用密码产品生产定点单位；

- 信息技术产品安全测评证书；

- 2017 网络安全（中国）论坛信息安全创新产品奖；

- 云安全及大数据行业优秀解决方案奖；

- VPN 两项国家标准主导单位；

- 第二代防火墙标准核心起草单位。

同时，深信服的安全服务能力得到了权威单位的认可，并收获了相关的资质证书：

- 国家计算机网络应急技术处理协调中心网络安全应急服务支撑单位（国家级）；

- 中国信息安全认证中心信息安全服务资质证书（应急处理一级）；

- 中国信息安全认证中心信息安全服务资质证书（风险评估一级）；

- 国家信息安全测评中心信息安全服务资质证书（安全工程类一级）；

- 公安部第一研究所信息安全等级保护安全建设服务机构能力评估合格证书。

6.7.6　安全服务团队

深信服凭借多年安全技术积累，目前已经形成由深信服创新研究院、千里目安全实验室、深蓝攻防实验室、安全服务团队组成的安全服务体系。当前，深信服可以根据客户或主管单位的需求，提供安全运营类服务、安全评估类服务、安全培训类服务、安全规划类服务、安全运维类服务，满足客户安全运营、安全评估、安全培训、规划咨询、安全运维等方面的需求。

深信服安全服务体系的构成如下。

- 创新研究院。深信服创新研究院承接深信服在云计算、安全领域的发展战略，推动技术创新在公司的变革、落地，保持深信服在相关领域的核心竞争力，推动产品创新，并为公司的进一步发展提供战略支撑。创新研究院由近百名博士、博士后等安全研究人员组成，研究最新前沿科技，如人工智能等新技术，并将新技术运用到安全服务工具中，让客户享受前沿科技的福利。

- 千里目安全实验室。千里目实验室专注于网络安全攻防技术研究，通过黑客视角解决网络安全问题，并为安全服务团队赋能。千里目实验室是主动防御技术研究团队，长期跟踪国际、国内安全漏洞及趋势，并通过 CNNVD 发布各类安全漏洞。

- 深蓝攻防实验室。深蓝攻防实验室由数十名拥有丰富行业经验的安全人员组成，擅长实际环境中的攻防对抗，在威胁研究、后渗透阶段技术积累雄厚，并在内部推动安全研究成果体系化、服务化，让攻防能力更聚焦、服务效果更显著。深蓝攻防实验室在关键时刻可一对一支持公司重大攻防项目。

- 安全服务团队。与业界不同的是，深信服安全服务团队独立配备研发部门。研发部门的目标是站在服务的角度研发服务交付工具，确保交付高质量和高效率。安全服务研发部门目前有 100 余人，自研的交付工具包含漏洞扫描系统、漏洞管理平台、风险评估平台、安全评估系统、安全运营平台和项目管理平台等。深信服目前在全国有 50 余个分支机构，具备 200 余人的区域交付团队。深信服总部配备了应急专家团队 20 余人，还配备了病毒木马样本分析团队、漏洞样本分析团队、服务研发团队、咨询专家顾问团队。安全服务团队人员具备 ISO 27001 LA、CISA、CISSP、CISP、CCIE、PMP 等资质认证，具备较高的服务专业性。深信服安全运营中心团队是安全托管服务交付过程中频繁对接的团队。团队有 100 余人，细分为 T1 安全运营工程师组、T2 安全运营专家组、T3 首席安全专家组。深信服为安全运营中心团队各组之间设立标准化的服务流程，用于安全问题的升级与处理，为客户提供标准化、专业化的安全服务。

6.7.7　服务质量

服务质量是深信服智安全、云计算和新 IT 三大业务品牌的业务基础，更是深信服想让客户享受更多安全服务的根基。一直以来，深信服的安全服务业务秉承深信服全情投入的基因，基于持续服务众多客户的经验沉淀，结合国际顶级咨询机构的经验，已经具备对客户提供专业、高效、实用的安全服务的能力，其服务质量也得到运营商、金融、医疗、教育等行业客户的一致好评。

第 7 章
应急响应服务

7.1 网络安全应急响应概述

本节主要介绍网络安全应急响应的一些基本概念和理论。

7.1.1 网络安全应急响应基本概念

网络安全应急响应是指在突发重大网络安全事件后，对包括计算机运行在内的业务进行维持或恢复的各种技术、管理策略以及规程。

网络安全应急响应的活动主要有两种：未雨绸缪式和亡羊补牢式。

1. 未雨绸缪式

未雨绸缪式的应急响应指的是企业要在安全事件发生前先做好防范措施，如事先做好风险评估、制订安全计划、进行安全意识的培训、以发布安全通告的方式进行预警等。

企业需要设立安全应急响应部门，明确相关机构的职责，由安全应急响应部门制订应急响应预案，并根据应急响应预案展开相关的应急演练工作，根据应急演练过程中遇到的问题不断地完善应急响应预案，打磨内部应急流程。

应急演练工作包括基于应急演练预案展开的安全调查评估工作、实施演练过程中进行的相关攻击行为的检测预警，以及针对攻击行为的阻断、应急处置和脆弱性加固工作。

2．亡羊补牢式

亡羊补牢式的应急响应指的是在安全事件发生后要采取相关的安全措施，以将安全事件造成的损失降到最低。这些安全措施可能来自于人，也可能来自系统。例如在安全事件发生后，相关人员或系统迅速进行一系列操作，如系统备份、病毒检测、后门检测、清除或者隔离检测出来的病毒和后门，然后进行系统恢复，对攻击者进行调查与追踪，最后对攻击者进行取证等。

我们通过事前的计划和准备来为安全事件发生后的响应动作提供指导，并通过事后的响应来发现事前计划的不足，使得双方互为补充，不断强化。

7.1.2　常见安全事件分类

《信息安全技术　信息安全事件分类分级指南》（GB/Z 20986-2007）根据信息安全事件发生的起因、表现、结果等，将信息安全事件分为恶意程序事件、网络攻击事件、信息破坏事件、信息内容安全事件、设备设施故障事件、灾害性事件和其他信息安全事件等 7 个基本分类。每个基本分类包括若干个子类，具体内容如下。

1．恶意程序事件

恶意程序事件包括计算机病毒事件、蠕虫事件、特洛伊木马事件、僵尸网络事件、混合攻击程序事件、网页内嵌恶意代码事件以及其他有害程序事件。总体来说，恶意程序事件可以概括为 Web 恶意代码事件和二进制恶意代码事件。

常见的 Web 恶意代码事件有下面这些。

❍　Webshell 后门：黑客通过 Webshell 控制主机。

❍　网页挂马：页面被植入恶意内容。

❍　网页暗链：网站被植入博彩、色情、游戏等广告内容。

常见的二进制恶意代码事件有以下这些。

❍　病毒/蠕虫：造成系统缓慢，运行异常，甚至数据损坏。

- 远控木马：主机被黑客远程控制。

- 僵尸网络程序：被攻陷的主机对外发动 DDoS（分布式拒绝服务）攻击和扫描攻击行为。

- 挖矿程序：给系统造成大量的资源消耗。

2．网络攻击事件

网络攻击事件包括拒绝服务攻击事件、后门攻击事件、漏洞攻击事件、网络扫描窃听事件、网络钓鱼事件、干扰事件以及其他网络攻击事件等。下面我们简单看一些常见的网络攻击事件。

- 安全扫描器攻击：黑客利用扫描器对目标进行漏洞探测，并在发现漏洞后进一步利用漏洞发起攻击。

- Web 漏洞攻击：通过 SQL 注入漏洞、上传漏洞、跨站脚本攻击漏洞、越权访问漏洞等各种 Web 漏洞进行攻击。

- 暴力破解攻击：对目标系统进行暴力破解，以期获得系统的账号和密码，从而获取后台管理员权限。

- 系统漏洞攻击：利用操作系统/应用系统中存在的漏洞进行攻击。

- 拒绝服务攻击：通过 DDoS 或者 CC（challenge collapsar，挑战黑洞）来攻击目标，使目标服务器无法提供正常服务。

3．信息破坏事件

信息破坏事件包括信息篡改事件、信息假冒事件、信息泄露事件、信息窃取事件、信息丢失事件以及其他信息破坏事件。

4．信息内容安全事件

信息内容安全事件包括违反法律以及行政法规的信息安全事件；针对社会热点事件进行炒作，从而形成一定讨论规模的信息安全事件；组织、串联、煽动集会游行的信息安全事件以及其他类型的信息内容安全事件。

5．设备设施故障事件

设备设施故障事件包括软硬件自身故障、外围保障设施故障、人为破坏故障以及其他设备设施故障。

6．灾害性事件

灾害型安全事件包括火灾、地震、洪水等自然灾害以及人为灾害造成的安全事件。

7．其他信息安全事件

以上未覆盖到的其他安全事件。

7.1.3 网络安全应急响应现场处置流程

为了最大限度地科学、合理、有序地处置网络安全事件，深信服采用业内通用的 PDCERF 模型，将网络安全应急响应现场处置流程分成准备（preparation）、检测（detection）、抑制（containment）、根除（eradication）、恢复（recovery）、跟踪（follow-up）6 个阶段，如图 7-1 所示。

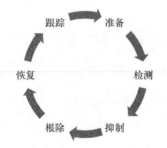

图 7-1 应急响应的 PDCERF 模型

根据网络安全应急响应总体策略，需要对每个阶段设立适当的目的，并明确响应顺序和过程。PDCERF 模型中的各个阶段的工作内容如下。

○ 准备：应急人员为了防止不可预期的变化，需要为应急响应做好充足的准备工作。

○ 检测：发现可疑迹象或在问题发生后进行一系列初步的处理工作，并分析所有可能得到的信息来确定入侵行为的特征。

○ 抑制：应急人员需要对事件扩散和影响范围进行限制。

○ 根除：通过事件分析查明事件危害的方式，并且给出清除危害的解决方案。

○ 恢复：把被破坏的信息还原到初始状态。

○ 跟踪：回顾并整合应急响应事件过程的相关信息。

结合应急响应的 PDCERF 模型，我们制订了应急响应处置的标准化流程。该流程包含事件确认、事件抑制、事件处置、原因分析、总结报告、结束跟踪 6 个过程。这 6 个过程的具体工作描述如下。

1．事件确认

在事件确认流程中，需要确认如下事项：

○ 确定安全事件的类型，评估事件的影响范围；

○ 确定客户的需求点和痛点；

○ 计划问题处置的时间表（预计需要花费多少时间来处置问题）；

○ 初步判断处置该事件所需的资源（设备资源、人力资源）。

2．事件抑制

在事件抑制流程中，可中断业务和不可中断业务的抑制手段并不相同。对于可中断业务，可采取的抑制手段有：

○ 关闭已失陷的系统；

○ 断开网络连接；

○ 禁用或删除被攻破的账号；

○ 关闭可被攻击利用的服务。

对于不可中断的业务，可采取的抑制手段有：

○ 根据被攻击的情况在安全设备中配置安全策略；

○ 修改被攻破账号的账号和密码；

○ 服务被入侵且无法中断时，需设置白名单源地址。

3．事件处置

在事件处置流程中，应急人员首先需要清理系统中存在的木马、病毒、恶意代码程序；然后，清理 Web 站点中存在的木马、暗链、挂马页面；接着，恢复被黑客篡改的系统配置，删除黑客创建的后门账号；最后，删除异常系统服务、清理异常进程，并帮助客户恢复正常业务服务。

4．原因分析

应急人员需要通过网络流量、系统日志、Web 日志记录、应用日志、数据库日志、安全产品数据等产品或者日志文件来分析黑客入侵手法，调查造成安全事件的原因，确定安全事件的威胁程度和被破坏的严重程度。

5．总结报告

在事件处置完毕后，应急人员根据整个安全事件的情况编写应急响应报告。该报告需要描述安全事件的现象、处置过程、处置结果、事件的根因分析，并给出系统加固建议和产品加固建议。

6．结束跟踪

检查应急响应过程中存在的问题，重新评估和修改事件响应过程。评估应急人员在事件处理上存在的缺陷，以便事后有针对性地进行培训。

7.2　网络安全应急响应基础

本节主要介绍在网络安全应急响应过程中应该详细排查的内容以及相应的排查手段。

7.2.1　系统排查

在网络安全应急响应过程中，对系统进行整体的安全排查是非常重要的一环。系统排查的维度是否全面决定了本次应急响应是否成功。在进行系统排查时，涉及的排查维度包括但不限于下面几个：

- 账号（隐藏账号、克隆账号、历史账号等）；

- 端口；

- 网络连接；

- 定时任务；

- 自启动；

- 进程；

- 文件；

- 内存；

- 历史命令。

7.2.2 账号排查

账号排查工作主要是检查是否存在隐藏账号、克隆账号、黑客增加账号、Guest 账号、历史账号等账号。

1. 隐藏账号排查

隐藏账号通常具有两个特点：账号以$结尾，如 admin$；无法通过 netuser 命令查看。

如果要查找隐藏账号，可采用如下 3 种方法。

- 查看注册表：在注册表中找到\HKEY_LOCAL_MACHINE\SAM\SAM\Domains\Account\Users\Names\，查看该目录下是否存在类似于 admin$的子目录。

- 查看控制面板：在计算机上的"控制面板/用户账户/管理账户"目录下查看是否有隐藏账号。

- 使用 D 盾等工具进行查找。

2. 克隆账号排查

在计算机中有两处地方保存着用户账号权限。

- ○ SID（security identifier，安全标识符）：SID 是标识用户、组和计算机账户的唯一的号码。一般可以在命令提示符下输入 whoami /user 命令来查看用户的 SID 值。

- ○ 注册表中用户的 F 键值：该键值用于标识用户的权限。用户的权限不同，其键值也不同。可以打开注册表查看账号的 F 值。

对 Windows 系统进行检查时，在查询普通用户的权限时检查的是用户的 SID，但在查询用户是否有登录权限时，查询的则是注册表中用户的 F 键值。这样就存在一个安全问题，即普通用户可以将自己的 F 键值修改为管理员的 F 键值，这样普通用户就拥有了管理员权限。这导致在应急排查的时候，对 Windows 系统进行常规检查时，会发现具有普通用户权限的账号登录后却具有管理员权限。

排查克隆账号一般有下面两种方式：

- ○ 查看注册表中用户的 F 键值后 4 行的数据是否与管理员的 F 键值一样，如果一样则说明该用户为异常用户，反之则为正常用户。

- ○ 使用 D 盾查看克隆账号。

3. 黑客增加账号排查

在排查黑客增加的账号时，主要是查看是否存在具有明显的黑客关键字的账号或者由字母和数字组合起来的账号，如 hacker、xxteam 等。但是，随着攻防对抗强度的增加，黑客往往会使用更加真实的账户信息或使用系统中的账户，因此在检查时需要和管理员进行确认。

在排查时，原则上需要查看所有的用户账号。如果账号不是用户主动增加的，则可以将其禁用并删除。

4. Guest 账号排查

Guest 账户默认为禁用状态，如果发现 Guest 账户被启用，可以与管理员确认，看是否由管理员人为启用。如果不是，则基本可以确认系统已被恶意入侵。

5．历史账号排查

在排查历史账号时，可以借助系统日志来分析相关服务器历史账号的增加、删除、权限变化等情况。具体分析的信息有创建者、创建时间、创建的账户名、密码、SID、账号域等。

7.2.3 端口排查

在进行端口排查时，需要关注一些常用的端口是否存在非正常的连接行为。另外，还要关注一些高位端口上的连接行为，这类端口通常会被攻击者用作反弹 shell 的端口。

7.2.4 网络连接排查

我们可以使用 netstat 命令查看 TCP 网络连接。该命令在不同的操作系统下会有差异。例如，在 Windows 系统中，命令为 netstat –ano | findstr ESTABLISHED，而在 Linux 系统中，命令为 netstat –anltp | grep ESTABLISHED。

我们也可以使用 Process Hacker 查看网络连接。在使用该工具查看时，如果出现绿色的连接则表示连接是新增的，如果出现红色的连接则表示连接已断开。图 7-2 所示为使用 Process Hacker 查看网络连接的正常页面，该页面中没有新增连接，也没有断开连接。

Name	Local address	Loc...	Remote address ▼	Rem...	Pr...	State
procexp.exe (5092)	30.1.20.15	49418	74.125.34.46	443	TCP	Establ...
System (4)	30.1.20.15	80	30.1.20.22	57652	TCP	Establ...
svchost.exe (2520)	30.1.20.15	3389	192.200.200.40	52655	TCP	Establ...
sangfor_vm_proxy_sr...	127.0.0.1	49155	127.0.0.1	13542	TCP	Establ...
sangfor_vm_proxy_sr...	127.0.0.1	13542	127.0.0.1	49155	TCP	Establ...
Sysmon64.exe (1984)	30.1.20.15	49419	117.18.237.29	80	TCP	Establ...
Sysmon64.exe (1984)	30.1.20.15	49417	113.96.154.85	80	TCP	Establ...
jucheck.exe (3564)	30.1.20.15	49177	104.85.221.212	443	TCP	Close...

图 7-2　网络连接的正常页面

由于 UDP 是无连接的，因此在 Windows 系统下无法进行查看。但是，在 Linux 系统下可以通过命令查看 UDP 连接的状态，相应的命令为 netstat -anlup。

除了上面介绍的方法，我们也可以使用 Wireshark、科来、TCPView、火绒剑等工具查看网络连接。

进行网络连接排查时，可以通过分析网络连接对应的进程、对方 IP 地址来判断该连接是否正常。然后找到相应的进程名、文件 MD5、IP 地址，最后通过 VirusTotal、微步在线等威胁情报网站进行分析。

7.2.5　定时任务排查

创建定时任务是木马、PowerShell 类挖矿病毒等恶意软件的必备功能。很多木马的后门在服务器上，它通过定时任务定期从黑客服务器下载相应的恶意文件并执行，从而实现不同的功能。

7.2.6　自启动排查

与定时任务一样，创建自启动项也是木马、远程控制、挖矿类等恶意软件的必备功能。自启动项分为系统自启动项和用户自定义的启动项。

在 Windows 系统下进行自启动排查的方法如下：

- ❍　使用 AutoRuns 工具进行查看；

- ❍　通过注册表进行查看；

- ❍　查询%appdata%\Microsoft\Windows\StartMenu\Programs\Startup 路径，看是否存在自启动的程序。

其中，在通过注册表查看自启动项时，又分为如下两种情况。

- ❍　永久启动项：可通过 HKLM\SOFTWARE\Microsoft\Windows\CurrentVersion\Run 查看是否存在永久启动项。

- ❍　一次性启动项：可通过 HKLM\SOFTWARE\Microsoft\Windows\CurrentVersion\RunOnce 查看是否存在一次性启动项。需要注意的是，一次性启动项会在系统重启后自动删除。

7.2.7　服务排查

通过 tasklist/svc 命令，可以查看每个进程所对应的 PID 和服务。

通过注册表查看。在 Linux 系统下，可以使用 chkconfig –list | grep – E " :on"来查询用户自定义的启动项，使用 systemctllist -unit -files | grep enabled 命令查询系统的自启动项。

7.2.8　进程排查

在一般情况下，当发现异常的流量后可以定位到相应的进程，然后通过 Process Hacker 等工具对相应的进程进行跟踪分析。

在 Windows 系统下，经常使用的相关工具如下。

○　进程分析工具：Tasklist、Process Hacker、Process Explorer、火绒剑。

○　进程监控工具：Process Monitor、Sysmon、科来网络分析系统。

在 Linux 系统下，主要使用命令来查看和分析进程。相关命令如下。

○　查看进程的命令：ps -aux | ps -ef。

○　查看端口打开的命令：lsof -i :port。

○　查看进程打开的命令：lsof -p pid。

想要找到真正的恶意程序进程，则必须知道恶意程序进程有哪些特点。一般来说，恶意进程具有如下特点。

○　恶意进程通常具备独立功能的模块。这是恶意进程最简单的一种形式，即病毒是独立的可执行文件，可以独立进程的形式运行。

○　名字随机或与正常进程名相似，如 svch0st.exe、explorer.exe。

○　文件路径不是系统默认的路径。

○　恶意进程可能以动态库的方式注入系统进程或应用进程中；

○ 恶意进程具有隐藏的模块（往往是动态库模块），无法通过肉眼观察到，甚至也无法使用 Windows 系统工具、PCHunter 等工具查到。这是一种很隐蔽的手段，属于难查难杀的类型。

例如，在客户的某台主机上，我们怀疑 svchost.exe 进程有问题（进程有问题并不意味着进程对应的文件有问题），但使用系统工具和 PCHunter 等工具均找不到任何异常模块。至此，我们怀疑系统中有隐藏模块。然后我们使用工具转储该 svchost.exe 进程的所有模块空间（按模块分割成独立文件），从而顺利找到隐藏模块 svchost_exe_PID384_hiddenmodule_2560000_x86.exe。它就是隐藏在 svchost.exe 进程中的模块，如图 7-3 所示。

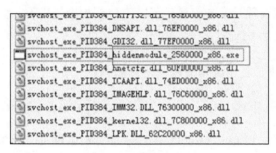

图 7-3 隐藏模块

7.2.9 文件排查

在对文件进行排查时，主要的文件查找对象有安装软件、补丁文件、敏感目录。接下来我们分别看一下。

1. 安装软件排查

我们需要查看系统中所有安装软件的名称和版本（主要是查看应用软件的版本），并分析是否存在漏洞。在排查时，要特别注意各种扫描、漏洞利用、远程控制等黑客类软件。另外，绿色版软件也需要多加注意。

2. 补丁文件排查

补丁文件一般与漏洞关联。例如，如果存在 MS17-010 漏洞，则需要关注是否安装了相应的补丁。我们反过来推测：如果该系统没有安装对应的安全补丁，那么系统中就存在对应的安全漏洞。这样，就可以通过系统中已经安装的补丁来查看系统存在的安全漏洞。

在 Windows 系统中，可以使用 wmic qfe get hotfixid、systeminfo 命令来查看补丁的安装情况。但是，这两个命令无法查看通过安全软件类软件安装的补丁，只能查看系统自动或者手动更新的补丁。

3. 敏感目录排查

在进行敏感目录排查时，一般主要针对临时目录、浏览器相关文件、最近打开的文件进行排查。而且在排查时，我们可以对文件进行排序，根据其修改时间来查找可疑的文件。

（1）临时目录排查。黑客往往可能将病毒放在临时目录（Tmp 或 Temp）下，或者将病毒相关的文件释放到临时目录。因此可以通过检查临时目录中是否存在异常文件，来判断是否存在病毒。假设系统盘为 C 盘，则通常情况下临时目录的位置如下：

```
C:\Users\[用户名]\LocalSettings\Temp
C:\DocumentsandSettings\[用户名]\LocalSettings\Temp
C:\Users\[用户名]\桌面
C:\DocumentsandSettings\[用户名]\桌面
C:\Users\[用户名]\LocalSettings\TemporaryInternetFiles
C:\DocumentsandSettings\[用户名]\LocalSettings\TemporaryInternetFiles
```

（2）浏览器相关文件排查。黑客可能通过浏览器下载恶意文件，因此需要查看浏览器的历史访问记录、文件下载记录、Cookie 信息。这些信息对应的相关目录如下：

```
C:\Users\[用户名]\Cookies
C:\DocumentsandSettings\[用户名]\Cookies
C:\Users\[用户名]\LocalSettings\History
C:\DocumentsandSettings\[用户名]\LocalSettings\History
C:\Users\[用户名]\LocalSettings\TemporaryInternetFiles
C:\DocumentsandSettings\[用户名]\LocalSettings\TemporaryInternetFiles
```

（3）最新打开的文件排查。由于可疑的文件也有可能存在于最近打开的文件中，因此需要查看最近打开了哪些文件。可通过打开以下目录来查看最近打开的文件：

```
C:\Users\[用户名]\Recent
C:\DocumentsandSettings\[用户名]\Recent
```

（4）文件修改时间排查。可以在文件夹内对文件进行排序，通过查看文件的修改时间来查找可疑文件。

在一般情况下，文件的修改时间距离现象发生的时间越近，该文件就越可疑。当然，黑客也有可能修改文件的修改日期，但这种情况很少见。

下面我们使用 Everything 工具对所有可执行文件进行排序，查找在现象发生的时间段内创建和修改的文件。具体操作如图 7-4 所示。

图 7-4　用 Everything 工具对文件进行排序

4．其他重要目录排查

除了上面提到的查找对象，我们还对其他重要的目录进行排查，如 System32 目录。System32 目录是常见的病毒释放目录，因此需要重点排查。此外，C:\Windows\System32\drivers 下的 host 文件是系统配置文件，主要用于本地 DNS 查询的域名设置。由于可以通过 host 文件强制将某个域名对应到某个 IP 地址上，因此我们需要检查该文件是否被黑客恶意篡改。

7.2.10　内存分析

由于内存中记录了程序运行的所有动作，因此可以通过分析内存的方式来定位可疑的进程。一般情况下我们不需要分析内存，但当出现下面这两种情况时一定要对内存进行分析：

- PowerShell 脚本中含有 DownloadString()函数；

- 确定某个进程或 dll 有问题，但是无法通过常规手段分析出异常。

在分析内存时，一般只需转储可疑进程或 dll 的内存。下面看一下在 Windows 系统中通过转储内存进行分析的两种方法。

- 使用 Process Hacker 或火绒剑转储某个进程或 dll 内存，然后使用 Notepad++编辑器打开并进行分析。

- 使用 Ram Capturer 转储整个系统内存，然后使用 Volatility 工具进行分析。

此外，我们还使用深信服的僵尸网络查杀工具，通过关键字检索内存。该工具的操作界面如图 7-5 所示。

图 7-5　操作界面

在图 7-5 中，单击"威胁检索"，然后在打开的"威胁检索"中直接输入恶意的域名或者 IP 地址关键字进行检索。

在 Linux 系统中，通过转储内存进行分析的步骤如下。

（1）执行 ps -ef 命令，查看进程，并找到可疑进程的 pid。

（2）执行 cat /proc/pid/maps 命令，查看相应 pid 的内存信息。

（3）执行 gdb attach pid 命令，将 pid 进程附加到 gdb 上。

（4）执行 dump memory /root/memoryname.dumpstart_addressstop_address 命令。

（5）执行 strings /root/memoryname.dump 命令，查看内存信息。

7.2.11　历史命令分析

我们还可以通过历史命令来发现黑客的可疑操作。

在 Linux 系统下，可以执行 history 命令查看历史。图 7-6 所示为在 Linux 中执行 history 命令的情况。

```
[root@localhost ~]# history
    1  history
    2  ls
    3  ls -alt
    4  cat .bash.hi
    5  cat .bash_history
    6  cd /home/test/
    7  ls -alt
    8  iptables -L
    9  cd
```

图 7-6　执行 history 命令

在 Windows 系统中，默认情况下不会记录历史命令，但是可以通过部署 Sysmon 工具来监控过去执行的命令。Sysmon 是一款功能强大的日志记录软件，可以记录历史命令、网络连接、进程创建、DNS、驱动加载、文件操作、注册表等内容。

虽然 Sysmon 具有强大的功能，但是只能用在 Windows 2008 及其以后的系统上。

一般通过 Sysmon.exe -accepteula -i -n 命令来安装 Sysmon。不过，这种安装方式不支持 DNS 记录，而且生成的日志量会相当大。因此，推荐使用 XML 文件进行安装，这种安装方式可以支持 DNS 记录，并且可以自行修改过滤器，只记录需要的日志。相应的卸载命令比较简单，只需执行 Sysmon.exe –u 命令即可。

由于 Sysmon 的日志是以 evtx 格式存储的，因此可以通过事件查看器进行查看。Sysmon 的日志名称和路径如图 7-7 所示。

图 7-7　Sysmon 的日志名称和路径

7.3　安全日志分析

安全日志分析是安全服务工程师一项非常重要的技能。

7.3.1　日志分析基础

下面我们主要介绍日志分析的一些方法,以提高日志分析的效率。

1. 什么是攻击

在介绍日志分析之前,我们首先需要了解一下什么是攻击,以便在进行日志分析时更有效率、更有针对性。

当存在下面这些情况时,基本上就可以怀疑发生了攻击:

❏　在 HTTP 报文头部,出现了一些不属于正常用户传入的字段;

❏　在 URL 和 POST 表单中,Referer、Cookie 中出现了 SQL 语句、系统命令、脚本

代码、JavaScript 代码、PHP 代码等一些不正常的数据；

❑ 访客尝试访问或者探测了一些本不该访问的敏感文件；

❑ 应答报文中泄露了一些系统敏感信息。

在 Web 数据包中，攻击语句经常出现在以下位置：

❑ GET、POST 请求报文的 URL 字段、Cookie 字段、Referer 字段、User-Agent
字段；

❑ POST 请求报文的表单字段；

❑ HTTP 应答页面。

这些位置涉及的攻击手段有跨站脚本攻击、SQL 注入攻击、命令执行攻击、文件包含攻击、目录穿越攻击、Webshell 攻击、网站扫描攻击等。

2. 常见的攻击语句

要想分析攻击是否为误报、漏报，以及攻击是否成功，就需要了解基本的 Web 攻击语句。下面我们看一些常见的攻击语句。

常见的 SQL 注入语句一般分为 3 类：SQL 探测语句、SQL 权限判断语句、SQL 查询数据语句。我们直接看相应的示例。

SQL 探测语句：

```
http://www.×××.com/showdetail.asp?id=49 and 1=1
http://www.×××.com/showdetail.asp?id=49 or 1=1
and char(124)%2Buser%2Bchar(124)=0
```

SQL 权限判断语句：

```
and user>0 用户名
and 1=(select IS_SRVROLEMEMBER('sysadmin'))
and exists(select * from sysobjects)
```

SQL 查询数据语句：

```
and0<>(select count(*)from master.dbo.sysdatabases where name>1 and dbID=6) 查库名
and(select top1 name from TestDB.dbo.sysobjects where xtype='U' and status>0 查表名
```

```
and(select count(字段名) from 表名)>0 猜字段
and(select top1 len(username) from admin)=X 猜字段值
+UNION+SELECT+1,password,3,username,5,6,7,8,9+FROM+user union select 猜解法
and ascii(lower(substring((select top 1 name from sysobjects where xtype='u'),1,1)))>116
```

此外，我们也收集了一些常见的跨站脚本攻击语句，具体如下：

```
<script>alert("xss")</script>
<img src="javascript:alert('xss');">
<img src="HTTP://ha.ckers.org/xss.jpg">
<body onload=alert('xss')>
<div style="background-image:URL(javascript:alert('xss'))">
<style type="text/javascript">alert('xss');</style>
<style>@import'javascript:alert("xss")';</style>
<linkrel="style sheet"href="HTTP://ha.ckers.org/xss.css">
```

常见的命令执行攻击语句如下所示：

```
GET/simple/tests/tmssql.PHP?do=PHPinfo
GET/detail.PHP?ID=/winnt/system32/cmd.exe?/c+dir+c:%5c
GET/cgi/maker/ptcmd.cgi?cmd=;cat+/Tmp/config/usr.ini
GET/cgi/maker/ptcmd.cgi?cmd=;cat+/etc/passwd
```

常见的 Webshell 一句话木马语句如下所示：

```
<%eval request("a")%>
<%execut erequest("a")%>
<?php eval($_POST[a]);?>
<? php @eval($_POST[a]);?>
<?$_POST['sa']($_POST['a']);?>
<? php @preg_replace("/[email]/e", $_POST['h'], "error");?>
<%eval(eval(chr(114)+chr(101)+chr(113)+chr(117)+chr(101)+chr(115)+chr(116))("123"))%>
<%r+k-es+k-p+k-on+k-se.co+k-d+k-e+k-p+k-age=936:e+k-v+k-a+k-lr+k-e+k-q+k-u+k-e+
k-s+k-t("c")%>
<?php@$_="s"."s"./*-/*-*/"e"./*-/*-*/"r";@$_=/*-/*-*/"a"./*-/*-*/$_./*-/*-*/"t";
@$_/*-/*-*/($/*-/*-*/{"_P"./*-/*-*/"OS"./*-/*-*/"T"}[/*-/*-*/0/*-/*-*/]);?>
```

　　信息泄露指的是攻击者在进行渗透之前，会故意访问一些网站以及服务器的敏感配置文件，从中获取敏感信息。这些敏感信息被获取的结果就是信息泄露。常见的敏感配置文件有 httpd.conf、htaccess、htpasswd、boot.ini、etc/passwd、php.ini、web.xml 等。常见的敏感文件的后缀有 mdb、sql、bak、sav、old、las、Tmp、Temp、rar、zip、bz、gzip、tar、conf、inc、ini、bat、log、stats、statistics 等。

3．攻击常见的特点

攻击一般具有如下特点：

○ 一定的连续性，所以在一段时间会产生多条日志，并且命中的特征 ID 有一定的分布规律，不能是只命中某个特征；

○ 都会借助工具进行，且同一个 IP 地址的日志间隔较小，有可能在 1 秒内产生多条日志，看起来与人为操作浏览器行为完全不同；

○ 可能会借助一定的跳板发起攻击，因此如果攻击 IP 地址来自国外，则攻击嫌疑就较大。

7.3.2　系统日志分析

系统日志主要用来记录系统中硬件、软件和系统问题的关键信息以及系统中发生的事件的信息。用户可以通过系统日志来检查错误发生的原因，或者寻找攻击者留下的痕迹。

Windows 系统日志分为服务器角色日志、应用程序日志、服务日志、事件日志等种类。这些日志主要记录行为发生的日期、用时、用户、计算机、信息来源、事件、类型、分类等信息。

在 Windows 事件日志中，共有 4 种事件类型，所有的事件只能属于这 4 种事件类型中的一种。

○ 错误事件指用户应该知道的重要的事件，出现这种错误可能会影响触发事件的应用程序或组件外部的功能。错误事件通常指功能和数据的丢失。如果一个服务无法运行，那么它会产生一个错误事件。

○ 警告事件指不是直接的、主要的，但是会导致问题在将来发生的事件。例如，当磁盘空间不足或未找到打印机时，都会记录一个警告事件。

○ 信息事件指应用程序、驱动程序或服务成功操作的事件。

○ 审核成功事件指安全审核通过的日志。安全性日志中会记录用户登录/注销、对象访问、特权使用、账户管理、策略更改、详细跟踪、目录服务访问等事件。

在 Windows 系统中，最重要的日志就是 Windows 的安全日志。通过审核 Windows 的安全日志，可以快速检测出黑客发起的渗透和攻击，以防止他们再次入侵。但是，如果想要记录完整的 Windows 安全日志，则需要在本地安全策略的本地审核策略中开启事件策略审核。审核策略主要包含如下内容：

- 对策略的审核；

- 对登录成功或失败的审核；

- 对访问对象的审核；

- 对进程跟踪的审核；

- 对账户管理的审核；

- 对特权使用的审核；

- 对目录服务访问的审核。

可以在事件查看器中查看 Windows 系统日志，也可以使用一些日志查看工具进行查看。

表 7-1 中列出了 Windows 系统中相关日志的事件类型、描述和文件名称，可以直接使用 Everything 工具进行检索。

表 7-1　Windows 系统中相关日志信息

类型	事件类型	描述	文件名
Windows 系统日志	系统	包含系统进程、设备磁盘活动等。事件记录了设备驱动无法正常启动或停止、硬件失败、IP 地址重复、系统进程的启动/停止及暂停等行为	System.evtx
	安全	包含与安全相关的事件，如用户权限变更、登录及注销、文件及文件夹访问、打印等信息	Security.evtx
	应用程序	包含操作系统安装的应用程序相关的事件。事件包括错误、警告及任何应用程序需要报告的信息。应用程序开发人员可以自行决定要记录哪些信息	Application.evtx
应用程序及服务日志	Microsoft	Microsoft 文件夹下包含 200 多个内置的事件日志分类，不过只有部分类型默认启用记录功能，如远程桌面客户端连接、无线网络、有线网络、设备安装等相关日志	详见日志存储目录对应的文件

类型	事件类型	描述	文件名
应用程序及服务日志	MicrosoftOfficeAlerts	Office 应用程序（包括 Word、Excel、PowerPoint 等）的各种警告信息，其中包含用户在文档操作过程中出现的各种行为（记录文件名、路径等信息）	OAerts.evtx
	WindowsPowerShell	Windows 自带的 PowerShell 应用的日志信息	WindowsPowerShell.evtx
	InternetExplorer	IE 浏览器的日志信息，默认未启用，需要通过组策略进行配置	InternetExplorer.evtx

在 Windows 事件日志记录的信息中，关键的要素包含事件级别、记录时间、事件来源、事件 ID、事件描述，以及涉及的用户、计算机、操作代码、任务类别等。其中，事件 ID 与操作系统的版本有关。表 7-2 中列出的事件 ID 的操作系统为 Vista/Win 7/Win 8/Win 10/Server 2008/Server 2012 及之后的版本。

表 7-2　事件 ID 表

事件 ID	说明
1102	清理审计日志
4624	账号登录成功
4625	账号登录失败
4768	Kerberos 身份验证（TGT 请求）
4769	Kerberos 服务票证请求
4776	NTLM 身份验证
4672	授予特殊权限
4720	创建用户
4726	删除用户
4728	将成员添加到启用安全性的全局组中
4729	将成员从安全的全局组中移除
4732	将成员添加到启用安全性的本地组中
4733	将成员从启用安全性的本地组中移除
4756	将成员添加到启用安全性的通用组中
4757	将成员从启用安全性的通用组中移除
4719	修改系统审计策略

我们在分析 Windows 日志时，主要分析的是登录日志，不同应用的登录日志的登录类型也不相同，可以通过登录类型对应的值来区分不同应用的登录日志。常见的登录类型如表 7-3 所示。

表 7-3　常见的登录类型

登录类型	描述
2	交互式登录（用户从控制台登录）
3	网络（如通过 net use 命令访问共享网络）
4	批处理（为批处理程序保留）
7	解锁（带密码保护的屏幕保护程序的无人值守工作站）
8	网络明文（IIS 服务器登录验证）
10	远程交互（终端服务、远程桌面、远程辅助）

由于攻击者的内网横向移动行为主要依托于 SMB（server message block，服务器消息块）协议和 RDP（remote display protocol，远程显示协议）两种方式，因此这里主要关注的是登录类型分别为 3 和 10 的日志。其中，登录类型为 3 的日志是 SMB 登录日志，登录类型为 10 的日志是 RDP 登录日志。

7.3.3　Web 日志分析

在分析 Web 日志之前，需要先确认 Web 日志的存放位置。不同的中间件存放 Web 日志的位置也不一样。下面分别看一下。

1．Apache 日志

在 Windows 系统下，Apache 日志的默认存放位置为<Apache 安装目录>/logs/access.log。在 Linux 系统下，Apache 日志默认的存放位置为/usr/local/apache/logs/access_log。若默认位置不存在，则可通过/etc/httpd/conf/httpd.conf 配置文件来确认。

2．Tomcat 日志

Tomcat 默认不开启日志。一般情况下，Tomcat 日志位于安装目录下的 logs 文件夹中。我们可通过 Tomcat 安装目录下的/conf/server.xml 配置文件来判断 Tomcat 的日志位置。

3．IIS 日志

IIS 日志默认存储于%systemroot%\system32\LogFiles\W3SVC 目录下。我们可以通过 Web 站点配置来确认 IIS 日志的存储位置：Web 站点/属性/网站/W3C 扩展日志文件格式/属性/日志文件目录。IIS 日志的默认命名方式为"ex+年份的末两位数字+月份+日期+.log"。

4．Nginx 日志

Nginx 日志的存储路径在 Nginx 的配置文件中。在其配置文件中，access_log 变量规定了日志存放的路径、名字和日志格式名称。Nginx 日志的默认名称为 access_log。

5．攻击日志分析流程

在获得 Web 日志之后，就要结合当前的安全事件对 Web 日志开展相应的分析，找出攻击路径和路径上存在的漏洞。一般来说，在分析攻击日志时，主要基于两种方法：基于攻击 IP 地址的分析和基于攻击方法的分析。

基于攻击 IP 地址的分析适用于日志较多的情况。在基于攻击 IP 地址进行分析时，其步骤如下。

（1）找出一个具有明显攻击行为的日志。

（2）根据该日志找出攻击的源 IP 地址。

（3）筛选出与该 IP 地址相关的日志。

（4）利用前面介绍的知识，就可以看出攻击者都发起了哪些攻击。

基于攻击方法的分析适用于攻击类型比较分散的情况。这种分析方法先判断攻击语句是否具有明显的攻击行为。如果是，则可以确定为攻击；如果不确定，则还需要结合其他参数进行判断，从而进一步确定是否为攻击。这里涉及的参数具体如下。

❏ 源 IP 地址：是否出现过其他类型的可以明确的攻击行为。

❏ 攻击时间：如果活动在半夜或者凌晨比较频繁，则可以怀疑为攻击。

❏ 日志频率：在 1 秒内出现几次日志，可以怀疑为攻击。

❏ 攻击位置：IP 地址来自国外，可以怀疑为攻击。

◘ 报文语义分析：如果访问 admin 文件夹，则可能是有攻击行为。

在分析安全日志的过程中，我们经常会遇到一些问题。例如，一些网站的代码编写不规范，业务和代码分不开。再例如，客户的一些正常流量或安全产品发出的流量被错误地识别为攻击流量。常见的问题如下：

◘ 可以在 URL 参数中直接传递 SQL 语句；

◘ 可以在 URL 参数中传递 JavaScript 脚本；

◘ 可以在 URL 参数中用../进行目录穿越，从而访问到不该访问的文件；

◘ 可以在 URL 参数中直接调用一些系统函数；

◘ 可以在 URL 参数中进行域名重定向；

◘ 系统配置存在安全隐患。

此外，还存在其他一些特殊情况，理论上这些情况都会引起误报。这里不再赘述。

7.4 勒索病毒网络安全应急响应

本节我们介绍勒索病毒及对其的应急响应。

7.4.1 勒索病毒概述

首先我们介绍一下勒索病毒的概念、原理、传播方式以及解密方法。

1. 勒索病毒简介

勒索病毒在感染了主机之后，会遍历所有磁盘中指定类型的文件并进行加密操作，而且加密后的文件无法被用户正常访问。然后，攻击者会发出勒索通知，要求受害者在规定时间内支付一定的赎金，并在收到赎金后恢复文件。

2. 勒索病毒的原理

不同的勒索病毒可能采用不同的加密算法。对于大文件，勒索病毒为了提升加密效率，只加密文件头。在对文件进行加密时，一般分为两步：首先遍历所有可加密的文件；然后进行加密。而相应的加密方式有两种：删除原始文件，只留下加密文件；将文件读取到内存中加密，然后用加密后的文件覆盖原文件。

尽管很多白帽研究人员试图找到被删除的源文件进行恢复，但基本不可能，因为这些文件被删除、覆盖得很彻底。

常见的勒索病毒加密算法为 RSA+AES。勒索病毒在运行时会随机生成一串 AES 对称密钥，然后用该对称密钥来加密文件。在加密结束后，勒索病毒使用 RSA 公钥对 AES 密钥进行加密，并保存在本地。要对文件解密，则需要攻击者提供私钥来解密本地的 AES 密钥文件，从而得到 AES 密钥来解密系统数据。这也决定了通过病毒分析来解密文件是基本不可能的。

3．勒索病毒的传播方式

勒索病毒具有多种传播方式，下面分别看一下。

○ 钓鱼邮件传播。这种传播方式将恶意代码伪装在邮件附件中，配合社会工程学进行传播。当被攻击者引诱打开附件后，将激活勒索病毒。这种传播方式主要针对个人计算机，典型的病毒案例有 Locky 勒索病毒、Petya 变种勒索病毒等。

○ 蠕虫式传播。这种传播方式主要通过系统漏洞和爆破弱口令在网络空间中进行传播。它没有定向的目标，存在系统脆弱性的服务器和终端均可能受到攻击。典型的病毒案例有 WannaCry 勒索病毒、Petya 变种勒索病毒等。

○ Exploit Kit 分发。这种传播方式通过黑色产业链中的 Exploit Kit 分发勒索软件。它主要针对有漏洞的服务器，典型的病毒案例有 Cerber 勒索病毒等。

○ 暴力破解传播。这种传播方式是指在成功地暴力破解 RDP 端口、SSH 端口、数据库端口后，登录服务器并上传和执行勒索病毒。这种方式也是黑客最常用的植入勒索病毒的方式。它主要针对开放远程管理的服务器，典型的病毒案例有 GlobeImposter 勒索病毒、CrySiS 勒索病毒等。

4．勒索病毒的解密方法

前面提到，勒索病毒采用的加密方法是 RSA+AES，如果不能得到黑客用于加密的私钥，想要解密勒索病毒基本是不可能的。

当前，网络上存在提供解密服务的服务商，但它们基本上都是黑客的代理商，这形成了一条比较有特色的黑色产业链。对于勒索病毒的防范，找到入侵原因并做好网络修复加固工作，才是最有效的处置手段。

除此之外，有一些比较古老的勒索病毒私钥也会泄露在网络上，因此也有一些白帽人员在获取这些密钥之后开发对应的勒索解密工具。大家可以根据勒索病毒的种类进行搜索，看是否有相应的解密工具。

7.4.2　常规处置方法

接下来，我们将从病毒现象的确认、病毒应急的临时解决方案、病毒事件的溯源分析、恢复数据和业务以及后续的防护建议这几方面介绍勒索病毒的常规处置方法。

1．现象确认

可以通过观察系统内是否有文件已经加密、大量的文件被修改为统一后缀，再查看桌面是否有勒索信息文件、支付赎金的收款链接等来判断是否中勒索病毒。

2．提供临时解决方案

在确定中毒之后，我们需要提供临时的解决方案，避免病毒进一步扩散。

首先对被感染的主机进行断网处理。使用病毒扫描工具进行扫描，检测是否存在加密程序。如果主机是通过远程方式感染的，则需要关闭共享目录。

然后确认被感染的主机是否有数据备份。如果被感染的主机是虚拟机，可先克隆虚拟机，再进行数据恢复。

最后检查网关设备是否配置了 RDP、SSH 等远程登录协议的端口映射，如果确认开启了这些映射，则将其临时或永久关闭。

3．溯源分析

在提供临时解决方案后，我们就可以开展问题分析和溯源工作了，具体内容如下。

❍　确认加密文件的创建时间或修改时间。

○ 提取系统安全日志，查看在加密文件的时间点之前是否存在登录记录。如果登录的源 IP 地址是公有 IP 地址，则很大可能为公网访问，此时可结合出口端口映射进行佐证；如果是内网 IP 地址，则需要去攻击路径的上一跳进行排查，进行逐跳溯源。

○ 如果没有登录日志或日志中有清除记录，则可检查系统补丁，查看系统是否有 MS17-010 漏洞补丁、被感染的服务器是否为公网开放的服务器，以及是否部署了防护设备。

○ 根据分析结果，为客户提供加固方法。检查防病毒软件是否扫描到勒索病毒程序，或使用 Everything 工具过滤可执行文件，然后根据创建时间排序，以检查在加密时间点是否有可疑文件。

溯源分析本身就是通过部分猜测，再借助日志、主机特征进行佐证，因此具体的溯源效果要与主机的情况结合。由于勒索病毒大多数是通过口令暴力破解入侵的，我们可以朝着这个方向进一步分析。

4．恢复数据和业务

在问题分析和溯源结束之后，如果业务数据已备份，则使用备份数据对业务进行恢复即可。如果未进行备份，且业务数据不是很重要，则可以通过重装系统进行恢复。如果未进行备份且数据又很重要，则只能向黑客提交赎金了。

5．后续防护建议

完成上面的步骤后，为了防止感染过病毒的主机下次再感染病毒或未感染病毒的主机感染病毒，我们需要针对性地进行加固防护。具体的防护建议如下。

○ 避免弱口令，增加口令的复杂度。例如将口令的长度设置为 8 位以上，使用大小写字母、字符、数字的组合，避免多个系统使用同一口令。

○ 关闭 Windows 共享服务、远程桌面控制等不必要的服务，使用防火墙做好应用控制，并关闭网络访问。

○ 定期对服务器和终端进行漏洞扫描，对存在漏洞的主机及时安装补丁或者升级，以修复漏洞。

- 在终端和服务器上安装防病毒软件，并开启实时监控，定期进行病毒查杀。

- 定期对重要的数据文件进行异地备份。

- 对员工进行安全意识培训，如不使用来历不明的 U 盘、移动硬盘等存储设备，不点击来源不明的邮件和附件，不接入公共网络，不允许内部网络接入来历不明的外网计算机。

- 在条件允许的情况下购买风险评估服务，以对整体的网络和业务进行全面的风险评估，发现网络中的脆弱性并进行修复和加固。

7.5 挖矿病毒网络安全应急响应

本节我们介绍挖矿病毒及对其的应急响应。

7.5.1 挖矿病毒概述

首先我们介绍一下挖矿的原理，然后对挖矿病毒进行简单分析。

1. 挖矿的原理

在介绍挖矿原理之前，我们先来看几个与挖矿相关的词汇。

- 区块：区块是在区块链网络上承载交易的数据包。它会被标记上时间戳和之前一个区块的独特标记。在对区块头进行哈希运算后会生成一份工作量证明，以验证区块中的交易。有效的区块会在经过全网络的共识后追加到主区块链中。

- 区块链：从狭义上来讲，区块链是一种按照时间顺序将数据区块以顺序相连的方式组合成的一种链式数据结构，是以密码学保证的不可篡改和不可伪造的分布式账本。

- 矿机：挖矿机器的简称。矿机就是用于赚取虚拟货币的计算机。这类计算机一般有专业的挖矿芯片，多采用安装大量显卡的方式工作，耗电量较大。矿机可以通过挖矿软件运行特定的算法产生算力，获得相应的虚拟货币。

- 矿池：由于单一矿机挖到一个数据区块的概率很小，因此可以通过联合许多矿机进行挖矿，以提高概率。一个矿池的算力是很多矿机算力的集合。矿池每挖到一个数据区块，便会根据矿机的算力在矿池总算力中的占比，分发相应的奖励，因此不会存在不公平的情况。

- 挖矿：反复尝试不同的随机数对未打包的交易进行哈希计算，直到找到一个符合工作证明条件的随机数，以构建区块。

- 钱包：保存数字货币地址和私钥的软件，可以用它来接收、发送、存储数字货币。

在挖矿过程中使用的协议是 Stratum 协议，该协议是目前最常用的矿机和矿池之间的 TCP 通信协议。这里我们看一下挖矿的工作机制。

- 任务订阅：矿机启动，首先通过 mining.subscribe 方法快速建立多个连接，用来订阅任务。

- 任务分配：由矿池定期向矿机下达分配的任务。当矿机通过 mining.subscribe 方法登记后，矿池应该马上通过 motify 方法返回任务。

- 矿机登录：矿机通过 mining.authorize 方法以某个账号和密码登录到矿池（密码可以为空）。如果矿池返回 true，则表示矿机登录成功。该方法必须在初始化连接之后马上进行，否则矿机得不到矿池分配的任务。

- 结果提交：当矿机计算出结果后，就通过 mining.submit 方法向矿池提交结果。如果矿池返回 true，则表示提交成功；如果矿池返回 error，则表示提交失败（error 中会列出失败的具体原因）。

- 难度调整：矿池通过 mining.set_difficulty 方法调整矿机的工作难度。

2. 挖矿病毒的分析

一般而言，挖矿病毒最明显的特征就是主机上某个资源的占用率特别高，如 CPU 的占用率为 100%。由于矿机需要与矿池服务器进行实时通信，因此可以通过威胁情报等方法来判断通信地址是否为矿池地址，从而判断主机是否在进行挖矿。

由于挖矿病毒一般都会伴随着系统的启动而自启动，因此需要彻底检查并清理。

7.5.2　常规处置流程

我们以 WannaMine 4.0 为例介绍常规的挖矿病毒处置流程。

1．现象确认

在登录主机后，发现主机有严重的卡顿现象。在使用 Process Hacker 查看进程 CPU 后发现 dllhostex.exe 进程的 CPU 占用率高达 86.49%，如图 7-8 所示。

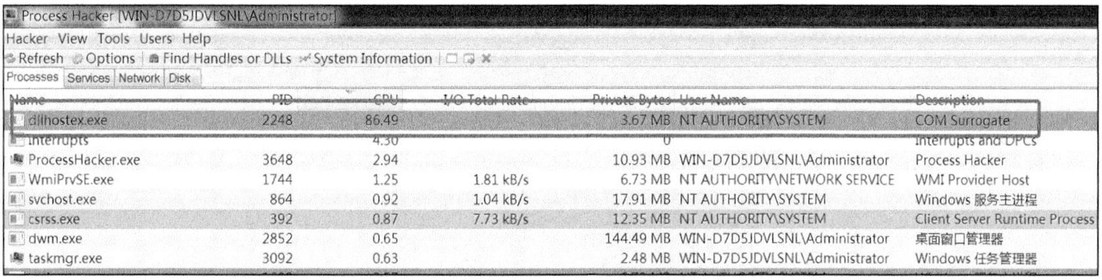

图 7-8　挖矿进程的 CPU 占用率

此外，还发现该进程存在对外的网络通信，如图 7-9 所示。

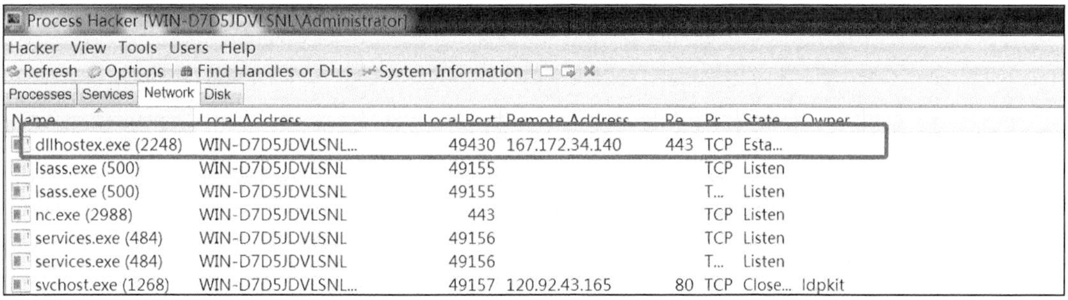

图 7-9　挖矿进程的对外网络通信

在使用深信服的情报中心在线查询这个远程 IP 地址后，发现其为矿池的 IP 地址，由此判断主机感染了挖矿病毒。然后，再查看 dllhostex.exe 名称，发现其与 WannaMine 4.0 挖矿病毒的进程名称一致，所以确认该病毒为 WannaMine 4.0 挖矿病毒，如图 7-10 所示。

2．隔离被感染的服务器/主机

在确认感染挖矿病毒之后，我们将被感染服务器的网络切断，避免病毒横向扩散。如果无法断开服务器的网络，则可以设置防火墙策略，使被感染服务器不能访问外部服务器或者主机的 135、137、138、139、445 等共享端口。另外，需要在该服务器上安装 MS17-010 漏洞的补丁，以免二次感染。由于在安装补丁时需要重启服务器，可能会影响到业务的连续运行，因此我们也可以使用免疫工具对服务器或主机进行端口免疫，如图 7-11 所示。在打开免疫工具后，文件共享服务和威胁端口就已经关闭了。

图 7-10　确认为挖矿病毒

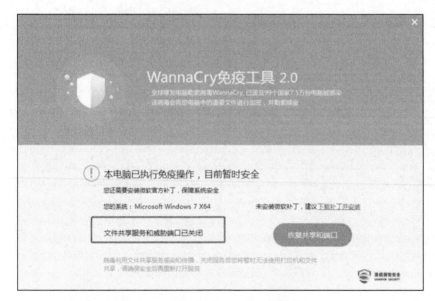

图 7-11　使用免疫工具进行免疫操作

3．清除挖矿病毒

挖矿病毒的清除主要是指清除挖矿病毒的进程、启动项和文件。下面结合 WannaMine 4.0 挖矿病毒的特征，对其进行清除。具体步骤如下。

首先使用 AutoRuns 工具清除挖矿病毒注册的以 WindowsProtocolHost 命名的服务启动

项，如图 7-12 所示。

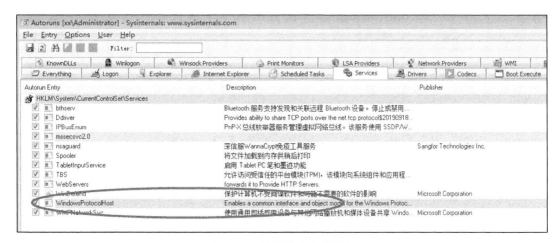

图 7-12　清除挖矿病毒服务

使用 Process Hacker 工具找到挖矿进程 dllhostex.exe，如图 7-13 所示。然后用鼠标右键单击该进程，在弹出的菜单中选择"结束任务"，将其关闭。

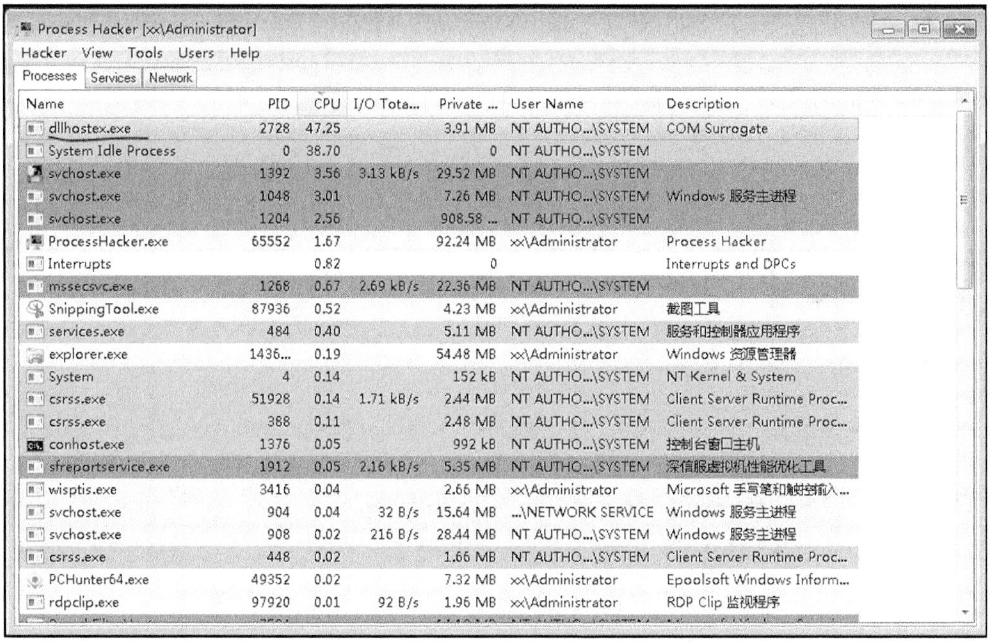

图 7-13　挖矿进程 dllhostex.exe

随后找到 WindowsProtocolHost.dll 注入的 svchost.exe 进程，并将其关闭，如图 7-14 所示。

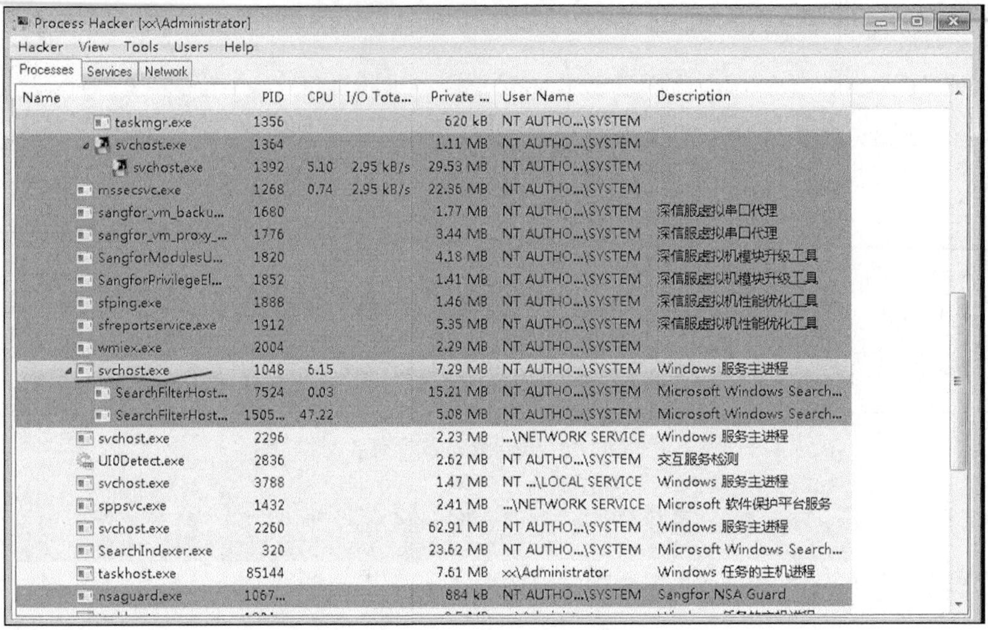

图 7-14　svchost.exe 进程

清除如下的病毒文件和文件夹。

```
C:\windows\system32\WindowsProtocolHost.dll
C:\Windows\System32\dllhostex.exe
C:\Windows\NetworkDistribution\
```

4．问题分析溯源

下面进行问题的分析溯源。

首先确认挖矿病毒的创建时间或修改时间，找到生成病毒或修改病毒的时间。

然后提取系统安全日志，查看在挖矿病毒创建时间点之前不久是否存在 SMB 登录记录（登录类型为 3）。如果登录的源 IP 地址是公有 IP 地址，则很大可能为公网访问，此时可结合出口端口映射进行佐证；如果是内网 IP 地址，则需要去攻击路径的上一跳进行排查，进行逐跳溯源。

如果没有登录日志或日志中清除了记录，则可检查系统补丁，看系统是否安装 MS17-010 漏洞补丁、被感染的主机是否为对公网开放的服务器，以及是否部署了防护设备。

5．挖矿病毒的防范

挖矿病毒的防范建议与勒索病毒的防范建议相同，这里不再赘述。

7.6 Web 入侵网络安全应急响应

本节我们介绍 Web 入侵及对其的应急响应。

7.6.1 Webshell 概述

首先我们简单介绍 Webshell 以及常见的黑链现象与相应的处置方法。

1．Webshell 简介

Webshell 是一种以 ASP、PHP、JSP 或者 CGI 等网页文件形式存在的命令执行环境，也可以将其称为网页后门。黑客在入侵一个网站后，通常会将 ASP 或 PHP 形式的后门文件与网站服务器 Web 目录下的正常文件混在一起，这样黑客可以使用浏览器访问 ASP 或 PHP 后门，从而得到一个命令执行环境，以达到其控制网站服务器的目的。由于 Webshell 大多是以动态脚本的形式出现，因此它也被称为网站的后门工具。

2．Webshell 分类

按照功能，大致可将 Webshell 分为一句话木马、小马、大马、打包马、拖库马等。所谓的一句话木马，指的是 Webshell 由简单的一句代码构成，短小精悍、功能强大，且隐蔽性非常好，因此在入侵中具有强大的作用。

一句话木马通常借助 Webshell 客户端来执行相关的攻击操作。常用的一句话木马客户端有中国菜刀、中国蚁剑、冰蝎等。

小马与一句话木马不相同，它需要借助一句话木马客户端来使用。小马通常体积较小，杀毒软件无法查杀，隐蔽性较强。

大马的代码通常较为复杂，功能也比较多，可以将大马当作网站服务器的管理工具。大马常用的功能有提升权限、磁盘管理、文件管理、源码打包、命令执行等。其实，大马最初是网站开发人员为了方便网站运维而开发使用的，但是后来被黑客完善后成为了现在的大马。

Webshell 通常使用工具进行扫描，常用的 Webshell 扫描工具有 D 盾、悬镜、webshell.pub、安全狗以及深信服的 WebShellKiller 3.2。

除了使用工具检测，我们还可以手动进行确认，尤其是在 Linux 系统中，我们经常需要手动查找 Webshell。这时就需要通过异常的文件名或者 Webshell 脚本的代码识别 Webshell。例如，Webshell 通常会被命名为 shell.php、hack.php，且其代码中通常包含 eval、assert 等危险的函数。

3. Webshell 的防护

一般来说，可以从业务层面和代码层面对 Webshell 进行防护。

业务层面的防护是指通过部署硬件或者软件 WAF（Web 应用防火墙），阻断 Webshell 的上传。硬件 WAF 有深信服的 NGAF，软件 WAF 有网站安全狗等，这里不再赘述。

代码层面的防护则需要业务开发人员修改网站代码，避免黑客通过网站漏洞获取权限（getshell）。例如，开发人员可以设置上传白名单，对危险函数和参数进行过滤等。

7.6.2　常见黑链现象及处置

接下来，我们来看一下什么是黑链、黑链的手法以及黑链的植入手段。

1. 黑链

在介绍黑链之前，我们先来看一下什么是 SEO（search engine optimization，搜索引擎优化）。SEO 是指利用搜索引擎的规则提高网站在有关搜索引擎内的自然排名，目的是让其在行业内占据领先地位，获得品牌收益。

在安全行业，存在白帽 SEO 和黑帽 SEO。白帽 SEO 专指通过公正公平的 SEO 手法，帮助提升站点排名的专业人员。由于白帽进行 SEO 的过程十分漫长，因此一个新站点想要获取好的排名，往往需要花费很长的时间去优化推广。一些想要快速提升自身网站排名的站长便开始在 SEO 上研究作弊手法，从而诞生了黑帽 SEO。也就是说，黑帽 SEO 是指通过作弊手段或利用黑客技术让站点快速提升排名的人员。黑帽 SEO 又称为黑链。

在了解完黑链的概念之后，我们再来看一些与黑链相关的术语。

○ 域名：由两个或两个以上的词构成，中间由点号分隔开，最右边的那个词称为顶级域名。

○ 泛站群：指利用域名的泛解析功能配合程序的二级域名生成功能而成的网站程序。泛站群的效果是稍纵即逝的，而且费用相对较高。

○ 站中站：在权重高的网站中创建一个自己的网站，即添加很多外链。搜索引擎的爬虫（也称为蜘蛛）会认为这些网站也是属于高权重网站的内容，因此会给予它们较高的权重。

○ 蜘蛛池：一种通过利用大型平台权重来获得搜索引擎收录以及排名的一种程序。可以将其理解为事先创建了一些站群，并获取（豢养）了大量搜索引擎蜘蛛。当想要推广一个新的站点时，只需要将该站点以外链的形式添加到站群中，就能吸引蜘蛛爬取收录。

○ 寄生虫：通过入侵别人的网站并植入寄生虫程序，从而自动生成各种非法页面。寄生虫是黑帽 SEO 常用的一种方法。

2. 黑帽 SEO 手法

黑帽 SEO 常用的手法有 PR（PageRank）劫持、网站跳转（可细分为服务器跳转、客户端跳转）、隐藏页面、隐藏文字、垃圾链接、链接农场、桥页、关键词堆积、诱饵替换、刷站、黑链、网站劫持、利用高权重网站二级目录、利用高权重网站二级目录反向代理等。对这些内容感兴趣的读者可自行搜索。

3. 黑链植入手段

黑帽 SEO 通常会采用多种方式来植入黑链，如通过 Webshell 等后门工具批量植入

HTML 页面，对服务器端进行劫持。此外，还可以通过页面篡改、User-Agent 或 Referer 劫持、客户端跳转、模板篡改、驱动隐藏、对网站进行重写等手段来植入黑链。

7.6.3 常规处置方法

在对黑链的植入手段有了初步了解之后，我们再看一下黑链的常规处置方式。

1．初步预判

收集异常信息。例如，收集主机与业务信息，根据主机承载的业务初步判断入侵的方式。通过主机或网络出现异常的时间，可知道异常行为开始的时间，从而缩小日志分析的范围。

分析主机或网络的异常现象。根据异常现象对问题产生的原因进行初步判断，明确日志分析的切入点。

分析受影响的主机或网络的范围。知道受影响主机或网络的范围，同样可以缩小日志分析的范围。

分析网络拓扑信息和安全设备策略的配置情况。根据安全策略的配置情况，可提前排除某些安全问题，缩小排查范围。

分析客户工作时间或账户的使用情况，为日志分析事件提供参考。

2．黑链检测

根据客户提供的黑链路径，使用浏览器的开发者工具查看源代码，可以定位黑链的内容。

此外，还可以根据客户提供的黑链路径，在服务器上进行排查，从网站源码中找到黑链的对应代码并将其删除。

3．Webshell 排查

使用工具或者手动对 Webshell 进行查杀，阻断攻击者对服务器的控制。

4．Web 日志分析

通过对 Web 日志进行分析，找出黑客的攻击路径，判断网站存在的漏洞，进而对漏洞进行修复。

在分析 Web 日志时，首先需要确认日志存放的位置。在找到 Web 日志之后，就可以使用各种日志分析工具对 Web 日志进行检索分析。

在分析 Web 日志时，常用的分析思路如下。

（1）确认黑链篡改和 Webshell 的创建时间。

（2）在日志中检索黑链文件的名称，然后结合被篡改的时间点，在该时间点寻找相关 POST 请求的日志，确认被篡改的原因。

（3）在日志中检索 Webshell 文件的名称，然后结合 Webshell 创建的时间，在该时间点寻找相关 POST 请求的日志，确认 Webshell 是在哪个页面以及如何被创建的。

（4）访问创建 Webshell 的页面，确认该页面是前台页面还是后台登录页面，找到相关的上传点或者漏洞点。若为后台登录页面，则可能存在后台弱口令。此时，可以继续在日志中检索后台登录页面的名称，判断是通过暴力破解的方式登录还是通过弱口令直接登录的。

（5）若 Webshell 存在于常见的中间件或者 CMS（content management system，内容管理系统）中，可以判断是否存在已知的 N-day 漏洞，然后结合相关日志确认入侵原因。

第 8 章
渗透测试服务

渗透测试（penetration testing）并没有一个标准的定义，国外一些安全组织达成共识的说法是，渗透测试是通过模拟恶意黑客的攻击方法，来评估计算机网络系统安全的一种评估方法。这个过程包括对系统的弱点、技术缺陷或漏洞进行主动分析。分析是从一个攻击者可能存在的位置来进行的，攻击者在这个位置可以借助各种条件主动利用安全漏洞。

8.1 渗透测试与红队演练

与渗透测试类似的还有红队演练。这两者的共同点是帮助客户检测系统安全性，发现安全问题。

但是，渗透测试专注于对客户给定的系统进行测试，因此存在明确的测试目标和测试边界、测试时间，而且渗透测试的主要目标是为了尽可能发现安全隐患和系统的脆弱面，也就是安全漏洞。

红队演练则与此不同。在红队演练的过程中，通常除了给定靶标，不再给予任何信息。攻击者需要自行搜集信息并规划一条攻击路径以达到目的并隐藏踪迹，从而尽可能真实地模拟 APT 攻击。表 8-1 所示为渗透测试与红队演练的区别。

表 8-1　渗透测试与红队演练的区别

测试内容	渗透测试	红队演练
发现公开漏洞	√	√
对系统进行深入且完整的测试	√	√
找出资料外泄途径	指定范围	全面
找出立即性的风险	指定范围	全面
盘点企业整体安全性	无	√
改善开发人员的危险习惯	√	√
改善运维人员的不当配置	无	√
精准且实用的监测报告	√	√

8.2　渗透测试分类与服务流程

本节我们将介绍渗透测试分类与服务流程。

8.2.1　渗透测试分类

渗透测试一般按照测试方法和目标类型进行分类。按照测试方法，可将渗透测试分为黑盒测试、白盒测试、灰盒测试。按照目标类型，可将渗透测试分为针对主机操作系统的渗透测试、针对应用系统（主要是 Web 应用）的渗透测试、针对数据库的渗透测试，以及针对网络设备及安全设备的渗透测试。

深信服安全服务团队将渗透测试服务分为标准版和高级版（即红队版）两个版本，如图 8-1 所示，我们可以在这个流程图上看到标准版和高级版（即红队版）的具体流程。

标准版渗透测试可分为前期交互阶段、情报搜集阶段、威胁建模阶段、漏洞分析阶段、渗透攻击阶段和汇报阶段，总共 6 个阶段。而高级版（即红队版）渗透测试可分为前期交互阶段、情报搜集阶段、威胁建模阶段、漏洞分析阶段、渗透攻击阶段、后渗透攻击阶段、汇报阶段和漏洞复测阶段，总共 8 个阶段。高级版渗透测试是包含标准版渗透测试的，区别在于相对标准版渗透测试多了后渗透攻击阶段、漏洞复测阶段，所以下面来看高级版渗透测试。

○ 前期交互阶段。项目经理与客户进行沟通、确定渗透测试的时间、范围、深度、测试方式（黑盒或白盒、现场或远程）等问题，签署保密协议，并拿到客户签署的渗透测试授权函。

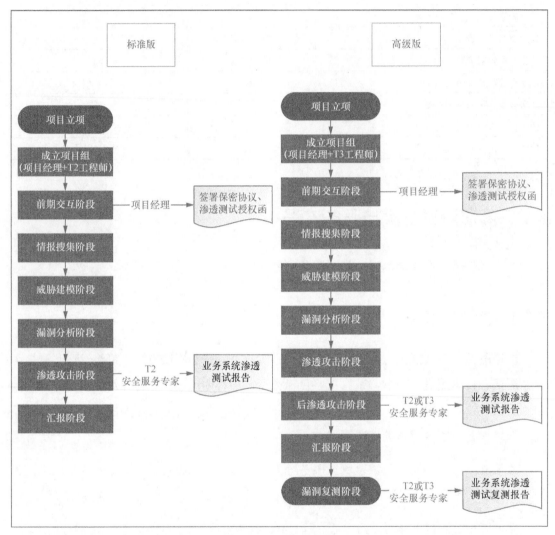

图 8-1　渗透测试流程

○ 情报搜集阶段。安全服务团队在得到客户授权后开始情报搜集工作。情报搜集阶段是对目标系统进行一系列踩点工作，包括基础资产收集、互联网信息泄露搜集、指纹识别、业务系统功能收集、接口信息收集等。需要注意的是，由于业务系统唯一性，信息收集工作需要依据业务系统的特性灵活调整。

○ 威胁建模阶段。在搜集到充分的情报信息之后，深信服安全服务团队对获取的信息进行威胁建模与攻击规划。为此，安全服务团队需要从大量的信息情报中厘清思路，确定最可行的攻击通道。

○ 漏洞分析阶段。本阶段需要针对威胁建模阶段得出的测试方法进行一一验证，确定可行的测试方法，排除不可行的测试方法。由于客户对业务系统的防护能力不同，因此在本阶段分析得出的漏洞利用方式会有一定的差异。例如，客户的门户网站是利用某款 CMS 搭建的，如果使用的 CMS 版本比较低且没有进行过任何漏洞的修补，可能有 N 个可利用的高危漏洞；如果 CMS 版本比较高，且经常进行漏洞修补，那么可利用的漏洞可能是 0。

○ 渗透攻击阶段。本阶段主要是对客户的业务系统进行攻击性测试。在漏洞分析阶段分析出的可行的漏洞利用方法，可以直接用在本阶段中，并以此为基础扩大渗透战果。如果漏洞分析阶段没有分析出可利用的漏洞，就需要安全服务团队根据自己的经验对业务系统从不同维度开展试探性攻击，分析与验证业务系统可能存在的漏洞。

○ 后渗透攻击阶段。本阶段针对的是采用渗透测试高级版的客户，标准版不包括此项服务。后渗透攻击阶段从已经攻陷了客户的一些系统开始，将以特定业务系统为目标，标识出关键的基础设施，并寻找客户组织最具价值的信息资产，推演出能够对客户组织造成最重要影响的攻击途径。本阶段主要包含权限维持、内网横向渗透、攻击痕迹清除（如 Webshell、Socks5 代理、权限维持程序）等。渗透测试工作全部完成后输出业务系统渗透测试报告，报告中阐明客户系统中存在的安全隐患和专业的漏洞风险处置建议。

○ 汇报阶段。本阶段由深信服安全服务团队向客户汇报本次渗透测试的成果，并对客户提出的疑问进行现场答疑。

○ 漏洞复测阶段。当客户业务系统的漏洞修补完成后可申请一次免费的漏洞复测服务（仅限高级版提供），用于验证业务系统的漏洞修补情况，并向客户提交业务系统渗透测试复测报告。

8.2.2　服务工具

在渗透测试工作中使用的工具一般分为扫描器和渗透工具两类。扫描器主要用于发现资产并扫描存在的漏洞。渗透工具主要用于信息收集、漏洞利用、溢出攻击、暴力破解等。表 8-2 中我们列出了在渗透测试期间会用到的一些扫描器和渗透工具。

表 8-2　扫描器与渗透工具的功能和作用

类型	名称	功能	作用
扫描器	深信服安全评估工具	❑ 网站 Web 漏洞扫描 ❑ 主机系统漏洞扫描	❑ 扫描并发现业务系统的 Web 漏洞、主机漏洞 ❑ 输出扫描报告，报告中包含业务系统的基本信息，如 IP 地址、服务类型、漏洞描述、漏洞危害等
	Nmap	❑ 开放的端口扫描 ❑ 开放的服务识别	检测服务器开放的端口与服务
渗透工具	Metasploit	漏洞利用、溢出攻击	进行信息收集、漏洞利用、溢出攻击、暴力破解等
	Kali	渗透测试工具集	
	sqlmap	SQL 注入渗透测试	
	Burp Suite	协议分析	
	冰蝎	后渗透利用工具	
	跨站脚本攻击平台	跨站脚本攻击漏洞渗透测试	

8.3　信息收集

信息收集对于渗透测试的前期阶段非常重要的，因为只有我们掌握了目标网站或目标主机足够多的信息，才能更好地对其进行漏洞检测。正所谓"知己知彼，百战不殆"。

信息收集能帮助我们缩小目标测试范围，节约测试时间，从而提高工作效率。更重要的是信息收集能够快速定位目标资产的脆弱点，精准打击，减少不必要的工作量。

我们将信息收集技术分为主动信息收集和被动信息收集。主动信息收集是指需要与目标主机、业务系统进行直接交互，从而收集到我们的想要的信息数据。被动信息收集是指不需要与目标主机、业务系统进行直接交互，而是通过搜索引擎或者社会工程学等方式间接地获取目标数据。

常见的主机收集工具有 WhatWeb、Nmap、AWVS、Nessus、AppScan 等工具，而被动信息收集主要是依赖搜索引擎完成，常使用的引擎有谷歌、必应、FOFA 等。

通过主动信息收集与被动信息收集技术，可收集目标的主机、端口、操作系统、漏洞等相关信息。在搜集信息时，主要涉及主机扫描、端口扫描、操作系统/网络服务辨识、漏洞扫描这 4 个关键技术手段。

- 主机扫描。主机扫描一般在信息搜集阶段进行，用于了解目标主机上运行的服务以便进一步进行渗透。

- 端口扫描。顾名思义，就是逐个对一段端口或指定的端口进行扫描。通过扫描结果我们可以知道一台服务器上都提供了哪些服务，然后就可以通过这些服务的已知漏洞进行攻击。端口扫描的原理是当一个主机向远端一个服务器的某一个端口提出建立一个连接的请求时，如果对方有此项服务，就会应答；如果对方未安装此项服务，对方便会无应答。利用这个原理，如果对所有熟知端口或自己选定的某个范围内的熟知端口分别建立连接，并记录下远端服务器所给予的应答，那么通过查看记录就可以知道目标服务器上都安装了哪些服务。

- 操作系统/网络服务辨识。通过识别操作系统，可以确定目标主机的系统类型，这样，渗透测试人员可以有针对性地对目标系统的程序实施漏洞探测，以节省不必要的时间。

- 漏洞扫描。基于漏洞数据库，通过扫描等手段对指定的远端或者本地计算机系统的安全脆弱性进行检测，发现可利用漏洞（即渗透攻击）。

8.4 漏洞发现和利用

在实际的安全服务工作中我们基于系统场景，将漏洞分为如下几类，通过归类，我们可以对业务系统进行一个完整而全面的检查：

- Web 业务逻辑漏洞（如支付漏洞）；

- OWASP TOP 10 和一些其他 Web 常见漏洞（如 SQL 注入、上传漏洞）；

- 特定场景的 Web 漏洞（如特定中间件、特定框架）；

- 非 Web 漏洞（如主机操作系统漏洞、其他服务漏洞等）；

- 弱口令（包括 Web 页面弱口令和其他服务的弱口令）。

工欲善其事，必先利其器。用好安全工具，我们在渗透测试的时候定能事半功倍。我们一般采用全自动、半自动和人工 3 种方式来发现漏洞。

- 全自动：通用漏洞扫描器（如 Nessus）。

- 半自动：信息收集加上 Fuzz 工具和专用扫描器。

- 人工：充分的信息收集配合漏洞 POC/EXP。

8.5 内网渗透

一般安全服务项目很少有内网渗透的需求，故内网渗透技术的细节部分不作详细介绍，大家有大概认知即可。通常，我们将内网渗透分为如下 4 个阶段。

- 内网信息收集：主要是收集当前已获取权限的主机中的信息及其网络环境中存活的主机信息、网络信息、域信息等。

- 权限提升：依据不同的网络环境，域环境内提升到域管理员权限，非域环境提升到主机管理员权限。

- 横向移动：通过 Web 应用漏洞、各服务弱口令、主机漏洞等方式获取网络环境内更多的主机权限，从而获取更高价值的信息。

- 深入内网：通过内网的信息漏洞，不断渗透，获取内网环境中更多网段服务器的权限，获取内网中核心系统权限，从而扩大本次渗透的危害及影响。

8.6 报告编写规范

深信服安全服务团队根据以往的项目经验，发布了《渗透测试报告模板》。在《渗透测试报告模板》中，"测试范围"项要求包含本次渗透测试涉及的所有的业务系统。"整体风险总览"项填写发现的漏洞的最高级别，如果发现 1 个高危漏洞和 3 个中危漏洞，则风险级别即为高风险。"关键漏洞概况"项列举所有发现的风险概述，并详细描述高危漏洞。在渗透测试工作内容中通常情况下无须修改模板内容。在渗透测试漏洞细节部分描述所有渗透测试环节中发现的漏洞细节（包括发现漏洞过程和截图）、漏洞原理、漏洞危害及修复建议。

按照《渗透测试报告模板》填写报告的时候，我们须按照要求填写，这能让我们的报告更加严谨，让客户的认同与满意度更高：

- ❑ 字体与报告模板中一致，禁止出现同一章平行小节中字体字号不一致的情况；

- ❑ 需要在截图中突出标注的部分用红色方框标注，禁止随意使用画图工具画线或画圈；

- ❑ 修复建议中涉及补丁下载、软件下载等，相关 URL 引用官方网站网址，禁止随意粘贴第三方下载地址；

- ❑ 对于需要多个步骤触发的漏洞（如文件上传并连接 Webshell），细节描述部分需要粘贴详细到每个步骤的截图。

下面我们通过一个示例来讲解一下渗透测试报告规范要求。在渗透测试期间，如果发现了高危漏洞，则需要在渗透报告的报告摘要中添加漏洞的概述，并根据所发现漏洞的级别来定义综合风险评分，如图 8-2 所示。

渗透测试报告示例

应 XXXX 单位邀请，深信服安全服务团队于 20XX-XX-XX 至 20XX-XX-XX，对该单位的业务系统进行了全面的渗透测试。深信服安全服务团队主要通过模拟黑客攻击的手法对业务系统开展测试。在测试期间发现了 3 个安全漏洞。这 3 个安全漏洞按漏洞风险可分高风险漏洞 1 个、中风险漏洞 1 个、低风险漏洞 1 个。

这 3 个漏洞的具体情况如下。

- ❑ ********存在 FastJson 反序列化漏洞的问题。FastJson 最新公开的绕过方法可以绕过 1.2.48 以下所有版本。门户网站使用的 FastJson 的版本还是 1.1.41，比较老旧。建议对 FastJson 进行升级。

- ❑ ********存在信息泄露。建议将敏感文件本身进行调整或者转移，同时在服务配置层面进行安全配置调整。

- ❑ ********存在反射性跨站脚本攻击。建议对 XXXX 升级。

本次渗透测试的综合风险评分为高风险。

从本次渗透测试结果来看，XXXX 单位在安全防护方面存在不足，难以抵御有组织的、高级别的安全攻击。

图 8-2　渗透测试报告示例

8.6.1　渗透测试说明规范

在编写渗透测试报告时，安全服务人员需要在报告中填写测试工作的起止时间，以及自己的联系方式，以便客户对测试报告结果有疑问时能够及时联系，填写方式可以参考图 8-3。

1.1　测试时间与人员

本次渗透测试按照事先约定规避风险的时间段开展，如下所示：

测试工作时间段			
起始时间	20XX 年 XX 月 XX 日	结束时间	20XX 年 XX 月 XX 日

本次渗透测试实施人员，如下所示：

参测人员名单					
姓名	***	所属部门	深信服安全服务团队	联系方式	**********
姓名	***	所属部门	深信服安全服务团队	联系方式	**********

图 8-3　时间与人员信息填写示例

除此之外，安全服务人员还需要在测试报告中填写本次渗透测试的范围，如应用系统名称、对应的域名和服务器 IP 地址，如图 8-4 所示。

本次渗透测试范围，如下所示：

渗透测试范围			
编号	应用系统名称	应用系统 URL	应用系统 IP 地址
1	XX	XX	XX
2	XX	XX	XX

图 8-4 渗透测试范围填写示例

8.6.2 问题总览规范

在填写渗透测试报告时，还要求在"2.1 风险总览"部分填写本次测试发现的漏洞数量（按照高危、中危、低危进行填写），然后手动修改漏洞整体分布图中对应的数值大小，如图 8-5 所示，将具体的高、中、低危漏洞数量进行提交。

2.1 风险总览

本次渗透测试总计发现漏洞 40 个，整体风险分布如下图所示：

安全级别	漏洞数量
高危	18
中危	10
低危	12

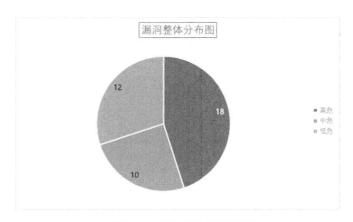

图 8-5 风险总览填写示例

在渗透测试报告的"关键漏洞概况"部分，需要填写本次渗透测试发现的所有高危漏洞的信息，填写方式如图 8-6 所示。

编号	系统名称	漏洞名称	漏洞影响	漏洞级别
1	Web 服务器	SQL 注入漏洞	由于缺乏输入验证，攻击者可以修改原始 SQL 查询的 SQL 代码，从而使得数据库服务器可以执行任意的 SQL 查询，攻击者可以注入 SQL 代码来检索存储在数据库中的敏感数据，找出数据库结构，创建、修改或者删除数据库的数据，攻击者甚至可能在数据库服务器上执行任意操作系统命令	高
2		管理员弱口令	攻击者一旦获得管理员密码，可以对后台数据进行收集和篡改，如获取所有用户的账号信息、重置所有用户的账号密码、对商城所有的商品进行管理、对网站模板进行编辑、查看交易数据等	高

图 8-6　高危漏洞填写示例

8.6.3　渗透测试工作内容

在渗透测试报告的"3.1　渗透测试方法"部分，安全服务人员需要结合实际工作中使用的工具修改测试工具一栏，填写方式如图 8-7 所示。

---

3. 渗透测试工作内容

3.1　渗透测试方法

深信服安全服务团队的渗透测试方法是对测试范围内的资产进行全面、可重复和可审计的测试。这种测试方法通过模拟黑客入侵的方式识别 Web 应用程序相关的安全漏洞，并提供解决此类漏洞的建议。渗透测试通过以下 6 个步骤进行：

编号	测试步骤
1	确定有关目标 Web 应用程序的详细信息
2	抓取目标 Web 应用程序并识别用户输入字段
3	了解正在运行的应用程序和服务
4	识别应用程序/操作系统的漏洞
5	验证漏洞，并且确定漏洞的风险
6	总结单个漏洞的风险和评级

3.2　渗透测试工具

我们的渗透测试方法需要使用商业扫描工具和开源/免费软件，包括但不限于：

O　深信服安全评估工具
O　Burp Suite
O　Appscan
O　Nmap

图 8-7　渗透测试方法及工具填写示例

8.6.4　渗透测试漏洞细节

在渗透测试报告的"4. 渗透测试漏洞细节"部分，需要详细填写本次渗透测试过程中发现的漏洞以及相应的细节，填写方式如图 8-8 所示。

4. 渗透测试漏洞细节	
4.1　XXXXX 漏洞	
漏洞级别：高危	
漏洞编号-	
URL/IP	X.X.X.X
漏洞描述	SQL 注入漏洞
风险描述	此漏洞存在会造成……
漏洞验证过程 详细验证过程	
处置建议	对存在的……
参考链接	补丁链接、漏洞介绍中的链接等

图 8-8　渗透测试漏洞填写示例

在介绍完相应的《渗透测试报告模板》填写规范之后，我们来看一个案例。

该案例如图 8-9 所示。在这个案例中，安全服务人员在使用 Burp Suite 工具对系统进行账号密码暴力破解时，发现了大量的弱口令账号。

漏洞级别：高	
弱口令	
URL/IP	http：//*.*.88.00:1314
漏洞描述	服务器存在大量弱口令账号及管理员权限账号
风险描述	此漏洞的存在可使平台中的账号及个人信息被任意查询删改
漏洞验证过程 使用 Burp Suite 进行账号口令暴力破解发现大量弱口令账号 Ans**yu：1**5	
处置建议	对存在的弱口令账号进行口令更改，改为高强度口令
参考链接	无

图 8-9　弱口令漏洞填写示例

第 9 章
安全服务交付流程

深信服的安全服务项目管理团队基于当前安全服务项目的交付流程特点以及自身对安全服务项目实施的要求，定义了一套安全服务交付流程，供大家参考。

9.1 项目管理概述

了解安全服务之前，我们先来了解一下项目管理方面的知识，这其中包括项目角色定义与职责、项目管理流程阶段、项目分级、具体流程活动说明、立项规范、问题分级标准、变更参考标准、商机拓展以及服务项目评价等。深信服项目管理团队结合深信服合作伙伴项目管理系统（PMS）系统的项目管理流程，沉淀出了当前深信服最佳安全服务项目实践。

9.1.1 项目角色定义与职责

项目管理中会涉及很多角色（见表 9-1），如市场人员、项目经理（PM）、安全服务交付组长、项目管理办公室（PMO）等，各个角色分工明确，共同将项目完美交付。

表 9-1 项目角色定义与职责

角色名称	职责
市场人员	区域安全服务市场业务负责人，负责进行项目立项申请、服务申请
PM	○ 负责收集项目信息，并组建项目小组

角色名称	职责
PM	❏ 负责梳理客户需求，并制订项目实施方案 ❏ 负责组织启动会议，与客户明确风险并获取授权 ❏ 负责组织项目成果展示沟通会议，挖掘潜在商机信息，然后将信息输出给市场人员、解决方案人员、安全服务交付组长等角色 ❏ 负责整理项目交付材料，并组织项目验收 ❏ 负责保障项目按时保质保量完成
安全服务交付组长	安全服务交付业务负责人，负责内部所有安全服务项目的成本、质量、进度监管等
PMO	❏ 对重大项目（项目金额大于或者等于 50 万人民币）进行质量监控 ❏ 对项目实施过程中出现的问题/风险进行满意度跟进处理

9.1.2 项目管理流程阶段

深信服根据安全服务项目的特性和实施方式，把项目拆分成了立项、规划、实施、结项 4 个流程阶段，并且进行了详细的职责划分。每个流程阶段的角色与职责可参考表 9-2。

表 9-2 项目管理流程的 4 个阶段

流程阶段	角色与职责
立项	安全服务交付组长对立项进行审批，完善项目信息，包括确定服务内容、PM、项目级别、是否设定里程碑等重要信息
规划	PM 根据项目整体情况通过 PMS 设定里程碑和创建 WBS（work breakdown structure，工作分解结构）
实施	交付人员按照规划流程的里程碑和 WBS 进行交付，并按时完成日报、WBS，交付完成后需在 PMS 提交交付物，并执行 WBS 交付评审流程
结项	通过客户验收后，需在 PMS 进行项目关闭、输出项目总结，并及时在归档管理模块进行归档。安全服务交付组长需要对归档材料进行审批

安全服务项目管理的流程与其他的项目实施流程不一样，安全服务项目管理是 PMO 管理视角，设置原则是项目关键节点抓取与控制，便于整体管理跟进；其他的项目实施流程则是 PM 实施视角。

9.1.3 项目分级

深信服根据安全服务项目的金额、交付人/天以及项目的影响力等因素综合评估后分成

4 个级别：V1（级别 1）、V2（级别 2）、V3（级别 3）、V4（级别 4），具体如下。

V1：项目金额大于等于 50 万人民币。

V2：项目金额大于等于 30 万人民币，或者计划交付时间大于或等于 70 人/天；具有特殊性的项目可以升级到 V1（特殊性为有影响力的项目）。

V3：项目金额大于等于 12 万人民币，或者计划交付事件大于或等于 30 人/天；满足括号内的 1 个条件可升级到 V2（是非标准服务项目或具备影响力的服务项目）。

V4：项目金额小于 12 万人民币且大于或等于 10 万人民币，满足括号内的 1 个条件可升级到 V3（是非标准服务项目或具备影响力的服务项目）。

需要说明的是，项目级别可以随着业务发展进行调整。例如，可根据交付实际需要，提升项目级别，但需要注明理由（周期性项目换算成年/次金额，综合项目按照项目金额），可按照实际情况自定义提升项目级别。其中项目金额是指合同金额中安全服务项目的金额。

9.1.4　项目流程具体活动说明

下面我们对项目开始到项目结束的过程流程中所有具体的活动进行详解（这里仅针对深信服安全服务项目）。

（1）项目开始阶段，是立项申请活动。在这个活动中，区域专员/PM/订单系统发起立项申请，录入基本信息，其中包含项目名称、合同信息、客户信息、服务列表、实施地点、销售姓名等。

（2）审批阶段。在这个阶段的活动中，安全服务交付组长审核项目的基本信息，若提交的基本信息不正确或不规范，则将项目申请驳回。

（3）审核并录入交付要求阶段。在这个阶段，安全服务交付组长审核并补充录入其他信息，包括服务内容、是否盈利、实际金额（服务金额非合同金额）、计划人/天、项目级别（审批方式、质量审核方式自动关联）、项目类型、付费方式，并确定 PM、是否需要设定里程碑等。在这个阶段，需要注意如下事项。

○ 短期服务不需要设定里程碑，直接设定 WBS 交付即可，如单次的渗透应急、基线扫描、单次安全意识培训等。对于项目周期较长、服务内容较多的项目，需要按照项目实际情况设定里程碑。

○ 项目级别需符合分级标准。

○ 确保服务内容（订单）和客户需求（合同信息）达成一致。

○ 实际金额需为合同中安全服务的金额，若实际金额发生变更，需同步更新项目级别。

（4）PMO 审批阶段。在这个阶段，PMO 对 V1 级别的项目立项进行审批，检查重要信息无误。

（5）确认计划和项目组成员阶段。在这个阶段，PM 需确定项目组成员并制订项目计划，与客户确定无误后完善项目的其他信息。

（6）设定里程碑阶段。在这个阶段，PM 需要建立里程碑并检验各个里程碑的到达情况，以控制项目工作的进展，保证总目标的实现。需要注意的是，PM 在根据项目情况设定里程碑时，一个项目可以设定多个里程碑，具体里程碑的内容设定可根据项目实际情况和各服务交付流程来决定。此外，PM 设定的里程碑要保证合理，是可以在约定时间内完成的。

（7）组长点评里程碑阶段。在这个阶段，安全服务交付组长对 V1 和 V2 级别的项目里程碑进行点评，检查内容是否合理（这并不影响下一步流程）。

（8）PMO 点评里程碑阶段。在这个阶段 PMO 对 V1 级别的项目里程碑进行点评，检查内容是否合理（这并不影响下一步流程）。

（9）设定 WBS 阶段。在这个阶段，PM 为了使项目明确、清晰、透明、具体，保证项目结构的系统性和完整性，同时体现项目各个阶段的进度，明确项目相关方责任，保证交付质量。此外，所有项目无论是否设置里程碑，都要设定 WBS，一个里程碑可以设定多个 WBS。WBS 可根据各服务交付流程设定，同时需要确认 WBS 内容和合同及需求信息一致。

（10）关闭里程碑阶段。在这个阶段，PM 对每个完成的里程碑节点进行关闭，并确保关闭及时，项目进度准确。此外，若之前不设定里程碑，此步可跳过。

（11）抽查里程碑节点阶段。在这个阶段，PM、安全服务交付组长、PMO 按照项目级别划分，V3 到 V4 级别的项目由 PM 确认即可；V2 级别的项目需要由安全服务交付组长确认；V1 级别的项目需要 PMO 进行确认。项目级别对应的角色，对每个里程碑的节点完成情况进行确认。此动作为监控抽查动作，若发现完成里程碑有问题则重新交付，这不影响下一步流程。

（12）检查全部里程碑/WBS 是否完成阶段。在这个阶段，PM 需判定项目的所有里程碑/WBS 是否完成，如果未完成，继续设定 WBS，循环执行，直至所有里程碑/WBS完成。

（13）关闭项目阶段。在这个阶段，项目顺利通过客户验收后，需关闭项目并进行项目总结。这个阶段的主要流程如下。

项目最终汇报通过后，由 PM 和客户协商验收相关事宜，交付物需要包含项目交付文档清单。如果客户有评分要求或有尾款未结清，需签订服务验收报告，但是并不是所有项目都需要签订验收报告。

然后 PM 需提交项目总结，内容包括但不限于交付过程中遇到的问题、对应问题的解决方案、项目心得体会、商机的总结。需要注意的是，需要确认项目中所有风险问题都已解决；明确是否识别到项目商机，如有需要及时录入；项目总结可自由发挥，可以描述项目中的质量、成本、计划管理、有无附加价值、客户满意度、心得体会、经验教训等。

（14）项目归档阶段。这个阶段的主要流程如下。

项目完全结束后，需由 PM 将所有的项目相关过程材料及交付物压缩打包上传至PMS 系统完成归档。项目归档检查材料至少包含项目合同、授权函/保密协议、服务确认及风险告知书、启动会材料、实施方案、交付过程材料、交付报告、汇报文档、验收报告等。需要注意的是，若客户不允许交付过程中泄露材料，则上传合同、授权函、验收单并说明客户相关情况。在时间方面需要注意，必须在项目关闭后的两周内完成归档；客户签字/盖章的验收单、授权函、保密协议等也需上传电子版归档。纸质版文件可自行保存至办事处，或定期寄回总部保管。

（15）审批结项材料阶段（最后一个阶段）。在这个阶段，安全服务交付组长需对 PM 上传的项目资料进行审批，审核通过后进入回访流程，否则驳回继续归档。

9.1.5 立项规范

深信服基于对项目管理的要求，设置了安全服务项目立项管理规范，并对项目管理中关键的检查点、填写要求、参考方法和常见问题进行了归类。接下来按照关键检查点分别进行说明。

- 检查项目名称。核查客户名称、项目名称、项目立项时间，看这些信息是否符合填写要求。在检查时需要注意，此处按照客户全称加项目类型的方式填写。

- 检查项目的实际金额，主要核查是否填写合同上实际安全服务的金额，而不是整个合同的金额。需要注意的是，项目金额的单位是元。

- 检查整体项目是否盈利。核查整体项目盈利情况是否按照实际情况填写。

- 检查项目类型。核查项目类型是否与合同服务内容、PMS 项目类型保持一致。

- 检查项目归属。核查项目归属是否为区域项目或者总部项目。

- 检查计划投入人力。核查计划投入人力是否按照报价预估的人/天填写。

- 检查服务内容。核查服务内容、资产、周期、次数、范围等信息无误，对于提前交付但未签订合同的须再次核查。如果填写的信息与合同不一致，需要备注原因。此外，在实际情况中常出现的问题是项目内容不清晰、不具体；实际交付内容和合同不一致，且无备注说明。

- 检查里程碑设立内容。区域安全服务交付组长可以根据项目的实际内容决定是否设定，并不是所有项目都需要设定里程碑。对于短期服务，如单次的渗透应急、基线扫描、单次安全意识培训等，这些服务直接设定 WBS 交付即可；对于项目周期较长、服务内容较多的项目，需要按照项目实际情况设定里程碑。

- 检查质量审核方式/审批方式。核查质量审核方式/审批方式是否按照 PMS 设置的默认级别填写，或按照实际需求自定义修改。

- 检查项目合同。核查实际项目签约合同，合同可以为盖章扫描件，如有合同补充说明文件需要一起打包上传至系统。此外，在此阶段最常见的问题是，提交的附件为空模板或是未盖章的合同。

- 检查交付区域。核查交付区域是否和 PM、项目组成员所属区域保持一致。

- 检查项目销售和市场区域。核查项目销售人员与所属区域是否正确。

- 检查整体合同金额。核查合同金额是否无误，需要注意的是在此阶段，填写的金额单位为元，而不是万元。

- 检查项目状态。如果项目是异常项目或者中止项目，则需要核查是否有变更审核记录。

- 检查项目计划。核查附件中计划交付的内容与立项服务内容以及合同内的信息是否一致，可以下载附件进行检查，在这个阶段最常出现的问题是提交的附件是空模板。

- 检查计划开始、结束时间。需要与 PM 明确需求、和客户达成一致后，预估计划开始时间。

- 检查项目组成员。核查 PM 是否结合项目实际情况组建项目小组。

9.1.6 问题分级标准

深信服根据安全服务项目中问题的影响程度把问题进行了分级，具体如表 9-3 所示。我们可以通过内外部影响来定义问题的严重性。

表 9-3 问题分级

严重程度	外部影响	内部影响
非常严重	赔偿、诉讼、黑名单、合同异常终止、停付尾款	影响公司声誉、影响安全服务口碑
重大问题	对客户业务带来严重影响或者客户有效投诉	影响交付口碑、影响新项目推广、影响项目资源投入
一般问题	客户质疑服务效果或服务质量，或者对客户业务带来轻微影响	内部同事对交付成员或者交付项目的投诉

在进行问题分级时，需要注意以下事项。

○ 客户往往会反馈两个方面的问题，一个是服务方面问题，另一个是产品方面问题，此时需要重点做好与关键干系人的沟通工作。

○ PM 需要及时关注 V1 和 V2 级别的项目，在意识到风险时主动上报风险，不要等到问题发生再处理。

9.1.7 项目变更参考

表 9-4 所示为依据对深信服安全服务项目中问题的分级和对客户的影响等对项目变更进行的定义。

表 9-4　项目变更参考

项目等级	PM		合同内容						服务内容		项目结束时间	数据录入（名称等）
			服务金额				服务范围					
	对客户无影响	对客户有影响	追加	减少	严重超标	超标	变更少	变更多	替换	增加	增加	一般
V1	重大	重大	重大	重大	重大	重大	重大	重大	重大	重大	重大	一般
V2	一般	重大	一般	重大	重大	一般	一般	重大	一般	重大	一般	一般
V3	一般	重大	一般	重大	重大	一般	一般	重大	一般	重大	一般	一般
V4	一般	一般	一般	一般	一般	一般	一般	一般	一般	一般	一般	一般

项目变更分为重大变更和一般变更。项目变更是包含 PM 变更的，如客户无法接受 PM 变更，需要变更为总部 PM 资源。其中，重大变更会严重影响项目交付、影响客户满意度、服务金额和计划交付人/天、服务范围、导致服务项目整体延期等。针对重大变更，需要上升到总部 PMO 甚至安全服务交付组长来处理。而一般变更对项目交付产生的影响较小，影响范围包含交付计划人员、时间、项目名称等。因此，一般变更可以由安全服务交付组长直接处理。

需要注意的是，项目团队成员如果发生变更，则需要在 PMS 系统上，提交变更成员。

9.1.8 服务项目评价

在项目结项后，需要安排专员针对项目进行回访、评审等工作，并通过相关维度和指标来评判该项目是否成功。表 9-5 给出了安全服务项目的评价维度和指标。

表 9-5 服务项目评价

类别	评价维度	评价指标
标准项	质量	交付物质量评分
		满意度回访评分
	项目超时	实际交付人/天
		计划人/天
	进度滞后	项目进度是否滞后
加分项	项目难度	人工评审
	商机/续费/客户感谢信	

在整个服务项目评价环节，我们就常见项目评价问题的建议如下：

○ 常规安全服务项目评价权重分配，建议质量>进度>成本；

○ 标准项目目标达成则基本合格；

○ 如果要项目达到优秀，需要此项目有商机、续费、客户感谢信或者其他层面的突破。

9.2 项目交付概述

在项目的交付过程中，一个项目可拆分为准备、计划、启动、交付和收尾 5 个阶段，期间质量监控和沟通期望贯穿整个项目交付流程，如图 9-1 所示。

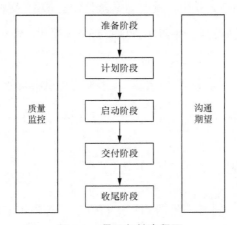

图 9-1 项目交付流程图

通过规范项目管理流程，可以提高项目管理效率，把控交付质量，保障安全服务项目顺利进行，并且提升服务质量。

9.2.1　准备阶段

依据安全服务项目实施特性，项目准备阶段主要工作如下：

- 项目立项；

- 项目售前售后交接；

- 识别项目干系人；

- 预估项目人/天成本；

- 授权与工具准备；

- 与客户沟通；

- 明确交付目标；

- 明确交付范围；

- 明确交付时间；

- 估算成本及预测交付风险。

9.2.2　计划阶段

在项目计划阶段，需要根据项目内容，在最终项目质量、项目时间和投入资源中取得平衡，并确定项目的每个阶段和具体时间进度表，明确项目成员的职责分工。同时，需要进行初步的风险识别，将可能存在的风险梳理出来，形成一份对项目实施有着指导意义的工作计划。项目计划阶段的主要工作如下：

- 确定项目里程碑；

- 制订项目计划；

- 制订初步实施方案；

- 计划阶段沟通内容。

9.2.3 启动阶段

依据安全服务项目的实施特性，项目启动会标志着项目从方案制订阶段进入实施交付阶段。项目启动会是整个项目过程中重要的里程碑，开好项目启动会意义重大，直接关系到接下来项目是否可以顺利开展。项目启动阶段的主要工作如下：

- 确定项目服务范围；

- 确定项目实施方案；

- 确定项目服务人员及职责；

- 召开会议。

9.2.4 交付阶段

依据安全服务项目的实施特性，项目交付阶段是在召开项目启动会后，贯穿项目正式实施到项目结束的阶段，主要工作包括项目的执行和监督。

9.2.5 收尾阶段

依据安全服务项目的实施特性，项目收尾阶段是客户方对服务方在实施期间的各项工作和实施内容进行核验，确认服务方的实施内容和实施质量是否合格，进而判断项目是否可以移交和交付。项目收尾阶段的主要工作如下：

- 准备验收材料；

- 复盘总结；

- 项目归档；

- 商机总结。

9.3 项目准备

在项目准备阶段，我们需要了解在这个过程中的关键动作，如项目准备概念、项目立项、项目售前售后移交、识别项目干系人、预估项目人/天成本、授权与工具准备、准备阶段沟通内容等。下面我们就每个阶段进行分项介绍。

9.3.1 项目准备概念

项目准备是项目实施的第一阶段。在该阶段，售前人员会和售后人员进行交接，然后由项目经理和客户确定项目信息，明确交付目标、交付范围、交付时间、估算成本及预测交付风险，为计划阶段做准备。

图 9-2 所示为整个项目实施过程中的 5 个关键步骤。当前我们处于第一阶段。

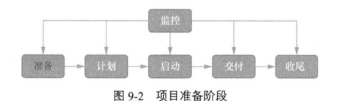

图 9-2 项目准备阶段

9.3.2 项目立项

项目立项一般包括项目建议书提交、项目可行性研究、项目招标与投标等内容。

项目建议书应该包括以下核心内容：

○ 项目的必要性；

○ 项目的市场预测；

○ 产品方案或服务的市场预测；

○ 项目建设必需的条件。

可行性研究内容一般应包括以下内容：

- 投资必要性；

- 技术可行性；

- 组织可行性；

- 经济可行性；

- 社会可行性；

- 风险因素及对策。

为防止投标人在投标后撤标或在中标后拒绝签订合同，招标人通常都要求投标人提供一定比例或金额的投标保证金。招标人确定中标人后，对未中标的投标人缴纳的保证金予以退还。在实际情况下，项目立项基本是由项目发起人发起，项目经理是一个提供支持建议的角色，这里不详细展开说明。基于安全服务项目的特点，项目立项流程如下。

- 发起立项：销售在销售平台创建业务机会，然后下单。

- 审批：销售主管和安全服务交付主管进行合同相关内容的审批。

- 指定项目经理：在审批完成后，项目同步到系统，然后由安全服务交付主管在系统中指定项目经理。

9.3.3 项目的售前售后移交

整体项目的售前售后移交流程如下。

首先是项目经理组织销售、售前开正式/非正式会议。移交目的为销售或者售前讲解项目信息，与项目经理达成共识。具体需要达成一致的内容为项目目标、项目范围、项目时间进度、沟通方式，以及关键联络人、项目风险、验收标准。在项目移交时，需要填写图9-3所示的售前售后交接记录表（可以参考模板的内容进行填写）。

然后项目经理与客户确认项目信息。需要注意的是，在项目售前售后移交的文件里，需包含"口头承诺"和"招标文件已定内容与实际客户需求不符"的信息。关于"口头承诺",由于某些原因,合同正文中可能无法体现一些相关内容,此时需要销售做出口头承诺,以帮助客户完成不能体现在合同内的服务内容。例如,客户的制度要求采购的必须是产品,不能体现安全服务相关的内容,所以合同只能包含产品,不能包含安全服务。那么我们的销售与客户达成一致后,销售会将安全服务的价格包含进产品价格内,最终安全产品价格会提高。

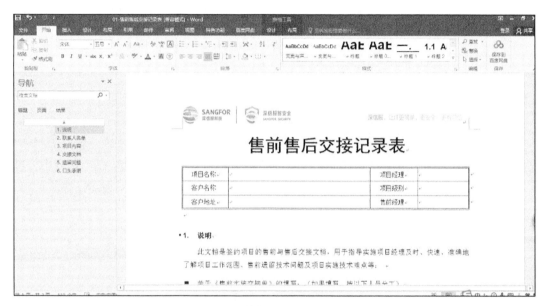

图 9-3　售前售后交接记录表模板

9.3.4　识别项目干系人

项目干系人是参与该项目工作的个人和组织,或者是由于项目的实施与项目的成功,其利益会直接或间接地受到正面或负面影响的个人和组织。项目管理工作组必须识别哪些个人和组织是项目的干系人,确定其需求和期望,然后设法满足和影响这些需求、期望以确保项目成功。每个项目的主要涉及人员有客户、用户、项目投资人、项目经理、项目组成员、高层管理人员、反对项目的人、施加影响者。

项目干系人包括项目当事人、能影响项目的计划与实施的个人或组织,以及利益受该项目影响(受益或受损)的个人和组织。我们也可以把他们称作项目的利害关系者。除了上述的项目干系人，项目干系人还可能包括政府的有关部门、社区公众、新闻媒体、市场中潜在的竞争对手和合作伙伴等。

不同的项目干系人对项目有不同的期望和需求，他们关注的目标和重点常常相去甚远。例如，服务方也许十分在意时间进度，设计师往往更注重项目本身的工作，附近社区的公众则希望尽量减少不利的环境影响等。弄清楚哪些是项目干系人，他们各自的需求和期望是什么，对项目管理者来说非常重要。只有这样，才能对干系人的需求和期望进行管理并施加影响，调动其积极因素，化解其消极影响，以确保项目获得成功。

项目干系人主要涉及如下人员。

- 项目经理：负责管理项目的人。

- 客户或用户：会使用项目产品的组织或个人。客户会有若干层次，如一个新医药产品的客户包括开处方的医生、吃药的病人和付钱的保险公司。在一些应用领域，客户和用户的意思是一样的。而在其他领域，客户是指采购产品的实体，用户是指真正使用项目产品的人。

- 执行组织：雇员直接为项目工作的组织。

- 项目组成员：执行项目工作的一组人。

- 项目管理团队：直接参与项目管理的项目组成员。

- 资助人：以现金或实物形式为项目提供经济资源的个人或组织。

- 发起人：以现金或者其他形式，为项目提供财务资源的个人或组织。早在项目刚开始构思时，发起人即为项目提供支持的管理人员，须获得组织的支持。在整个项目的推进过程中，发起人始终领导着项目前进，直到项目得到正式批准。发起人对确定项目初步范围与章程也起着重要的作用。

- 项目管理办公室（PMO）：如果在执行组织中存在 PMO，并对项目的结果负有直接或间接的责任，那么 PMO 可能也是项目干系人之一。

除了这些主要的项目干系人，还有许多其他类型，包括内部和外部干系人、服务方和投资商、销售商和分包商等，甚至整个社会。

项目干系人的命名和分组，主要是为了鉴别哪些个人和组织将自己看成项目干系人。项目干系人的角色和责任可以重合，如一个工程公司为自己规划的厂房提供资助。

9.3.5 预估项目成本

现在，向企业、事业或行政单位交付的项目有很多，那么在项目立项时，需要根据项目需求来预计人/天，进行工期和成本的预算。项目计划人/天的数量，需要根据承建团队或承建单位的人员的经验、能力来预估人/天工时了。

对客户来说，通过对项目团队进行工时管理，可以精细化地管理各分项目标，保障管理能按时或提前完工。同时，在项目结束后，还可以通过工时管理的统计，分析出这个项目的工时投入是否与合同中签定工时相符。如果不相符，则需要确认是什么原因导致超工时或未达工时。

服务方可以通过对项目团队进行工时管理来保障项目目标的达成。同时可以分析这个项目中人员投入情况及工作效率，较为准确地分析项目的成本和利润。

服务方总体的资源管理通过工时管理，可以更好地分配资源，为一人并发进行多个项目提供依据。如果没有有效工时管理，交付人员或顾问就有可能每天上报某一个项目的工作，造成"堆人"或"怠工"的情况，就没办法在其他项目中安排这个人员资源。

如何通过工时管理来确保工时的效率呢？这需要项目双方的项目经理在确认工作成果前，对项目组成员的投入工作时间、完成的工作按天或周进行确认，这样才能保障成果按期、保质地完成。很多项目经理认为，让客户确认很困难，这是偏见。前面提到，工时管理对双方均有利，双方项目经理也希望能清楚项目团队的日差工作状态、付出和成果。

在项目进度管理知识领域中有一个名词称为持续活动时间估算。项目经理需根据工作任务完成分解后，估算每一个最小任务所需要的工时。经常有项目经理或技术总监"拍脑袋"做计划，或者让员工自己上报完成任务需要多长时间，然后员工层层都给自己留余量，从而导致过程管理不好控制，最终项目进度严重脱离正常交付计划。

只有企业在日常工作中对项目或研发进行工时管理、项目进度管理，才能为新项目报价、制订进度计划提供较为准确的依据。同时，借助这些数据可以较为客观地评价项目经理或顾问在工作中的投入度、能力和效率。

借助项目预估成本计算方法，可以按照工作内容确定项目涉及的人员以及他们的工作天数。此外，1 人/天表示为 1 人工作 1 天的工作时长。具体每个阶段的工作时长可参照表 9-6 进行预估计算。

表 9-6　项目阶段工作时长表

阶段任务	工作内容	预估人/天 （单位：人/天）	交付物
项目准备	售前售后交接	1	售前售后交接记录表、干系人表、会议纪要、项目成本表
项目计划	确定项目管理计划及方案	1	项目工作计划表、项目实施方案
项目启动	启动阶段的准备以及实施	1	启动文档、保密协议、授权函等
项目交付	需要对 1 台主机系统渗透测试	2	渗透测试报告
	需要对 2 台主机系统基线	0.5	基线报告
	需要对 2 台主机进行漏洞扫描	0.5	漏扫报告
项目收尾	项目工作总结及项目验收	2	总结报告、验收报告
合计		8	—

9.3.6　授权与工具准备

项目开始实施前，需要提前做好相应授权和工具的准备工作，避免项目实施开展不顺。

首先是授权准备阶段，需要准备的材料有下面这些：

- 漏洞扫描授权；

- 渗透授权；

- 开工授权；

- 设备入场授权；

- ❍ 人员备案；

- ❍ 入网授权；

- ❍ 工具接入授权。

然后是工具准备阶段，需要准备的工具如下：

- ❍ 漏洞扫描设备；

- ❍ 渗透工具；

- ❍ 测试环境；

- ❍ 统计表格；

- ❍ 项目管理材料；

- ❍ 工具安检报告。

9.3.7 准备阶段的沟通内容

在项目准备阶段，需要针对以下内容做好沟通：

- ❍ 确认要执行的销售项目已经立项完成，并在系统中确认完毕；

- ❍ 确认安全服务交付主管已在系统中指定项目经理；

- ❍ 确认销售/售前与售后人员已经将所有材料移交完毕；

- ❍ 确认安全服务项目服务范围、交付内容、时间周期、风险、验收标准等与客户需求一致；

- ❍ 确认项目识别干系人无误。

9.4 项目计划

在项目计划阶段，我们需要了解在这个阶段中的关键小阶段，如项目计划的概念、项目里程碑、制订项目计划、制订项目实施方案、计划阶段沟通内容。下面我们就每个小阶段进行分项介绍。

9.4.1 项目计划的概念

这个阶段为整个项目实施中的第二个关键动作，为整个项目实施中的计划阶段，如图 9-4 所示。

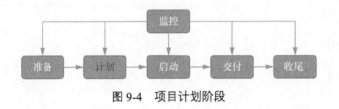

图 9-4 项目计划阶段

9.4.2 项目里程碑

项目里程碑是项目、项目集或项目组合中的重要时间点或关键事件。在项目管理过程中，里程碑的设定能够很好地让所有干系人了解项目进展到哪一个阶段。

IT 项目可以分为设计、开发、单元测试、集成测试、发布等。将每个任务的完成点设为里程碑，每到达一个里程碑，都要有"完成"的交付物。

在设定里程碑时，也建议安全服务团队一起讨论在哪些点设立里程碑，同时整个安全服务团队也要对"完成"有统一的定义。

由于部分项目的时间跨度长（如一年以上），尽管目标定得很明确并且有详细的计划，但由于目标要在一年以后才能实现，这容易导致项目成员没有目标感，工作效率降低。而计划不够合理，或者有突发事件需要处理，将导致项目进度落后，最终使得项目面临失败。因此，通过设立里程碑来提高目标的过程可测性是非常重要的。

设立里程碑的关键是有效分解目标，而不是简单地切割时间表。要保证分解后的目标是一个完整的小项目或有明确的交付物，而且时间间隔不宜超过两个月。里程碑的时间间隔较短，这将使项目成员目标感强，工作效率高，最终顺利实现整体项目目标。

如何设立里程碑呢？对大多数企业的新产品开发来说，企业可以总结以往经验，在开发流程中预先设定里程碑，而不是光靠项目经理的个人经验和喜好设定。首先，要将产品开发流程进行适当的结构化，划分各个阶段，如概念、计划、开发、验证、发布、生命周期管理等，再结合预估的项目进度，选取各阶段的关键任务完成点设立里程碑。

对里程碑的管理，不仅是项目经理要高度关注，公司层面如项目管理部、高层领导都要定期关注。可以通过双周报表、月度报表等对项目进度进行监控，以便提前发现问题，提前解决。要注意的是，每到一个里程碑处，应及时对前一阶段工作进行小结，总结经验教训用于后一阶段的工作改进。

在确定里程碑总结的内容时，不仅要考虑项目成本，也要符合公司的管理要求，如质量方面的要求。通常，里程碑总结中可以包括以下几方面的内容。

○ 已完成的里程碑和交付物。如果没有完成，则需要给出进度偏差的原因。

○ 评估项目规模。如果实际规模与预估规模不相符，则需要给出实际值与估计值的偏差及其原因。

○ 评估本阶段的工作量。如果实际工作量与评估工作量不相符，则需要给出实际值与估计值的偏差及其原因。

○ 核查项目中质量/缺陷情况、产品性能目标达成情况。如果不符合，则应该与项目组商讨对应措施。

○ 评估人力资源现状、培训情况和费用细节（从项目开始累计到当前）。如果出现偏差，同样需要与项目组商讨解决措施。

○ 关注应急计划是否能够及时处理可能发现的风险，并在有风险事件时更新风险管理表。

○ 关注质量管理、进度管理、需求管理、配置管理、工作协调、资源需求、技术问题等各方面的问题及其解决情况，方便我们及时调整后续管理工作。

一般认为，里程碑对于进度管理是非常有帮助的，不过在实际工作中也要注意，不能因为赶里程碑进度而忽视质量、成本。称职的项目经理应时刻关注项目的最终目标，在范围、进度、质量、成本之间取得合理的平衡，以实现公司的业务目标。

图 9-5 所示为一个设备项目验收里程碑，我们可以按到货验收、初验、阶段验收、终验等制订里程碑。下面来看一下这些概念的定义。

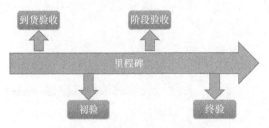

图 9-5　设备项目验收里程碑

○ 到货验收里程碑指服务方某个设备或者某些设备到达客户现场后，由客户或监理方对设备进行检查。例如外观有无破损、备件是否齐全、设备型号和数量与合同参数是否一致、设备上架加电是否正常运行。在确认无误后进行验收。

○ 初验里程碑指服务方完成某个任务或者某些任务后，客户按照合同要求对某个或者某些任务进行验收。

○ 阶段验收里程碑指服务方完成某一阶段或者某个周期的任务，客户按照合同要求对某一阶段或者某个周期的任务进行阶段验收。

○ 终验里程碑指服务方完成某个任务或者某些任务后，客户按照合同要求对某个或者某些任务进行终验验收，或者服务方完成某个任务后进行初验，完成某些任务后进行终验。

9.4.3　制订项目计划

在制订项目计划时，首先需要定义与细化目标，然后为实现项目的目标计划必要的行动路线。

项目进度计划是指在确保合同工期和主要里程碑时间的前提下，对设计、采办和实施的各项作业进行时间和逻辑上的合理安排，以达到合理利用资源、降低费用支出和减少施工干扰的目的。

按照项目不同阶段的先后顺序，分为以下几种计划。

1．项目实施计划

客户基于服务方给定的重大里程碑时间（开工、完工、试运、投产），根据自己在设计、采办、实施等各方面的资源，综合考虑公司内外局势以及项目所在组织的情况制订出的总体实施计划。该计划明确了人员设备动迁、营地建设、设备与材料运输、开工、主体实施、机械完工、试运、投产和移交等各方面工作的计划安排。

2．详细的执行计划（目标计划）

由客户在授权后一段时间内（一般是一个月）向交付人员递交的进度计划。该计划是建立在项目实施计划基础之上，根据设计部提出的项目设计文件清单和设备材料的采办清单，以及实施部提出的项目实施部署，制订出详细的工作分解，再根据实施网络技术原理，按照紧前紧后工序编制完成。该计划在项目经理批准后即构成正式的目标计划，予以执行。

3．详细的执行计划（更新计划）

在项目计划的执行过程中，通过对实施过程的跟踪检查，可找出实际进度与计划进度之间的偏差。然后分析偏差，并找出解决办法。如果无法完成原来的目标计划，那么必须修改原来的计划，以形成更新计划。更新计划是依据实际情况对目标计划进行的调整。更新计划被批准意味着目标计划中逻辑关系、工作时段、服务方供货时间等方面修改被批准。

项目计划作为项目管理的重要阶段，在项目中起承上启下的作用，因此在制订过程中要按照项目总目标、总计划进行详细计划。计划文件在批准后将成为项目的工作指南。因此，项目计划的制订一般应遵循以下 6 个原则。

○ 目的性：任何项目都有一个或几个确定的目标，以实现特定的功能、作用和任务，而任何项目计划的制订正是围绕项目目标的实现展开的。在制订计划时，首先必须分析目标，厘清任务。因此项目计划应具有目的性。

○ 系统性：项目计划本身是一个系统，由一系列子计划组成，而且各个子计划不是孤立存在的，彼此之间相对独立，又紧密相关，从而使制订出的项目计划也具有系统的目的性、相关性、层次性、适应性、整体性等基本特征，使项目计划形成有机协调的整体。

- 经济性：项目计划的目标不仅要求项目有较高的效率，而且要有较高的经济效益，所以在计划中必须提出多种方案进行对比分析。

- 动态性：这是由项目的生命周期决定的。一个项目的生命周期短则数月，长则数年。在这期间，项目环境处于变化之中，这使得计划的实施可能会偏离项目基准计划。因此项目计划要随着环境和条件的变化而不断调整和修改，以保证完成项目目标。这就要求项目计划要有动态性，以适应不断变化的环境。

- 相关性：项目计划是一个系统，构成项目计划的任何子计划的变化都会影响到其他子计划的制订和执行，进而影响到整体项目计划的正常实施。制订项目计划要充分考虑各子计划间的相关性。

- 职能性：项目计划的制订和实施不是以某个组织或部门内的机构设置为依据，也不是以自身的利益和要求为出发点，而是以项目和项目管理的总体及职能为出发点，因此项目计划涉及项目管理的各个部门和机构。

在制订项目计划时，主要进行的任务如下所示：

- 任务分解；

- 任务工时估算；

- 时间进度安排；

- 项目组职责分工；

- 项目交付物预估。

期间使用的工具有 Office（Excel）、甘特图、思维导图。

我们需要按照客户的需求变化、项目进度偏差、项目资源影响、项目成员变化实际情况来更新项目计划。

项目计划一定不是制订好就固定不变，它有可能会伴随外界的条件或者客户的要求而发生改变。例如，客户在项目前期明确要求对 10 个 Web 系统执行渗透测试，但是随着项目的进行，客户突然告知之前遗漏了额外的 5 个 Web 系统，它们现在也需要执行渗透。这时，就需要和客户重新确认计划和方案，避免在验收时出现其他问题。

项目资源和成本的变化也会导致前期制订的项目计划发生变化。例如，下面这些情况都会导致项目计划发生变化：

- 项目准备要投入 3 人，结果只分配了 2 人或者 1 人；

- 项目在实施初期有 3 人，结果中途有 1 人被调走或者离职；

- 项目原计划需要 2 个 T2 交付人员，结果参与项目的只有 2 个 T1 交付人员，渗透需要远程人员完成。

项目交付成本有一定变化是正常的，但是偏差要有上下限，如果超过，就要走变更流程。下面列出了一些常见的注意事项供大家参考：

- 项目计划是否需要经过项目组和客户充分沟通才能确定；

- 项目计划的制订需考虑风险识别的结果；

- 项目计划需要跟客户邮件或书面确认；

- 项目计划需要与项目组成员及时同步；

- 项目计划应适当考虑成本的投入，关注工时预估；

- 项目计划一定不是制订好就固定不变的，需要根据实际情况更新。

9.4.4 制订项目实施方案

实施方案是指对某项工作从目标要求、工作内容、方式方法及工作步骤等做出全面、具体的计划类文书。实施方案中最常用的是项目实施方案。

项目实施方案也叫项目执行方案，是项目能否顺利和成功实施的重要保障和依据。

项目参数包括项目范围、质量、成本、时间、资源。项目实施方案将项目所实现的目标效果、项目前中后期的流程和各项参数做成系统、具体的方案，这些参数可用于指导项目顺利进行。

项目实施方案的成败在一定程度上决定了项目实施的成败。项目立项后，项目负责人要综合项目的各个相关要素制订一份翔实的项目实施方案。

项目实施方案的制订有一定的格式，一般来说包括以下几部分。

- ❍ 项目目标：说明本项目的指导思想、任务目标和年度阶段目标。

- ❍ 项目详细工作内容：说明项目的工作范围、具体内容和技术要求等，在项目实施方案创建过程中，这一部分内容中能量化的指标尽可能量化。

- ❍ 方法手段：项目实施所采取的方法或手段。

- ❍ 预期效果：说明项目完成时所达到的有形或无形的效果。

- ❍ 项目工作进度安排：详细说明各阶段工作安排的时间和项目工作内容完成的时间，这需要项目实施方案的负责人对项目有全方位的掌控和评估能力，尽力让项目实施的时间进度与方案计划的时间吻合。

- ❍ 实施组织形式：详细说明承办组织、协作组织和各自分工的主要内容。

- ❍ 项目实施预算表：这是项目实施方案中很重要的一项，能够评估项目的价值和项目所能为企业带来的利润。具体到每一项目，则要根据项目的特点来制订适合的项目实施方案。

9.4.5 计划阶段沟通内容

在项目计划阶段，主要的沟通内容如下：

- ❍ 按照合同交付内容确认人员数量、能力是否满足要求；

- ❍ 沟通计划模板是用服务方模板、第三方模板还是客户模板；

- ❍ 沟通实施方案模板是用服务方模板、第三方模板还是客户的模板；

- ❍ 按照合同确认项目关键里程碑与销售要求是否达成一致（内部）；

- ❍ 按照合同确认项目关键里程碑与客户理解是否达成一致（外部）；

- ❍ 按照合同确认项目交付计划与销售要求是否达成一致（内部）；

- 按照合同确认项目交付计划与客户要求是否达成一致（外部）；

- 按照合同确认项目实施方案与销售要求是否达成一致（内部）；

- 按照合同确认项目实施方案与客户要求是否达成一致（外部）。

9.5　项目启动

在项目启动阶段，我们需要了解这个阶段的关键过程，如项目启动会概念、项目服务范围、项目实施计划、项目服务人员及职责、会议内容。下面我们就每个阶段进行分项介绍。

9.5.1　项目启动会概述

项目启动会，一般指的是在项目中标后或者合同签订后，客户、服务方召开的第一次会议。召开项目启动会的目的是澄清项目目标、项目范围、项目进度、规章制度等，并要求项目相关人员到场，以保障项目工作能够按照项目进度保质保量、有条不紊地开展。同时，项目启动会是展示服务方项目经理的能力、团队实力、服务方公司提供的资源支持等的时刻，这增加了客户信心和信任。所以，项目启动会是双方主要负责人和团队的第一次正式接触和了解，是阐明项目各方面内容的正式场合，关系到后续项目能否按时保质保量地完成，图 9-6 所示为项目启动阶段，这个阶段为整个项目监控的第三个关键阶段。

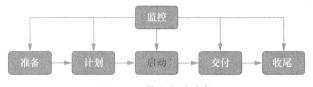

图 9-6　项目启动阶段

良好的开始是成功的一半！项目启动会的召开标志着项目从方案制订进入实施交付阶段。项目启动会是整个项目过程中重要的里程碑，意义重大，直接关系到接下来项目是否可以顺利开展。

项目启动会上需要进行的事项包括：

○ 宣布项目正式开始；

○ 介绍项目团队成员；

○ 介绍项目基本情况；

○ 宣布工作计划；

○ 宣布并落实人员分工；

○ 公布工作程序与工作规则。

项目启动会的一般流程如图 9-7 所示，项目启动会的需要是与客户达成共识，即就项目服务内容、项目实施计划、沟通方式及关键联络人、项目分析概念等达成共识；获取客户的授权支持；说明客户、服务方和其他方的工作职责。

图 9-7　项目启动会的一般流程

这样我们就可以避免在项目验收时因客户不认可我们的交付物或服务而出现重大风险的情况。

9.5.2　项目服务范围

项目服务范围是以范围规划的成果为依据，把项目的主要可交付产品和服务划分为更小的、更容易管理的单元，即形成工作分解结构。因此，范围定义的输入主要有如下信息。

○ 范围说明书：这是项目服务范围规划过程中的主要输出成果，范围说明书是范围定义过程的主要依据之一。

○ 制约因素：对项目组行为进行限制的因素和条件，如项目预算、范围、时间等。

○ 前提条件：为了制订项目计划而必须假设将来能够满足的一些前提条件。这些前提条件一般都是真实的、符合现实的、肯定的，也是可以满足的，但也存在未能如期满足的风险。

○ 其他计划结果：其他领域内的结果也可以作为确定范围定义时的一个参考因素。

当完成项目范围的定义后，下一步是根据项目范围说明书等材料制作 WBS。

深信服将签署的合同中提供的服务转化成需要在项目周期内完成的服务范围和内容，从而确定我们在安全服务过程中的具体职责，并在项目启动会上同客户针对实施服务的内容、范围和预期效果等内容达成一致。

项目服务范围一般包含以下内容：

○ 服务项和对象；

○ 服务项具体内容；

○ 服务频次；

○ 服务输出物（交付物）；

○ ……

9.5.3 项目实施计划

项目实施计划就是对这一时期各个环节的工作进行统一规划、综合平衡、科学安排。确定合理的建设顺序和时间，以及建设工期的投产、达产时间。实施计划评估是指围绕项目实施计划是否合理和周密、实施时间的安排是否紧凑而开展的综合评价。

项目实施计划既是预测和评价项目财务经济效益的重要依据，又是指导项目实施的文件，因此项目实施计划对整个项目而言有着举足轻重的作用。工程项目越复杂，专业分工越细，就越需要全面的综合管理和总体的工作进度安排。项目实施计划编制得合理与否，将直接关系到项目的实际建设情况和项目的经济效益。

工程项目能否在预定的工期内竣工交付使用，是项目发起人最关心的问题之一。项目实施阶段的基本目标就是通过确定项目实施不同阶段的技术和财务影响，来保证投资者有充分的资金实施项目直至投产经营。这就需要充分考虑发生在项目实施时期的一系列相互联系的投资活动，以及它们可能对项目产生的财务影响。实施计划包括以下主要任务：

- 确定项目实施类型及必须执行的有关规定；

- 确定项目实施阶段各项工作任务的内容和要求，以及工程和环节的逻辑顺序；

- 编制分时间阶段的实施进度表，以正确地定位所有工作任务并充分考虑完成每项任务所需的时间；

- 确定每项任务需要的资源和相应的投资成本费用，并逐项予以落实；

- 根据投资概算和现金流量表，编制资金分阶段使用计划，以保证项目实施时期获得足够的资金；

- 将所有实施数据记录在文件中，以便及时修订实施计划。

项目实施计划中需包含每项服务内容实施的时间计划安排，在项目启动会上需要和客户确认按照该计划实施项目是否符合客户期望。在项目启动会上，如客户对项目实施计划有异议，需要根据情况进行沟通变更，达成一致。项目实施计划包含：

- 项目各个阶段；

- 项目提供服务内容；

- 项目安排时间计划；

- 项目实施人员；

- 项目实施交付物。

9.5.4　项目服务人员及职责

在项目启动会上应体现并再次明确双方项目经理的角色、各项工作的对接人及相关职责，避免出现项目实施过程中找不到具体对接人的情况。

项目服务人员涉及项目经理、重要的干系人。同时，需要给出项目服务人员的职责描述、单位信息以及联系方式等信息，确保能顺利、及时地找到相应的负责人。

9.5.5 召开会议

在项目启动会上，应确认项目团队所有成员达成共识的、明确的项目目标和最终交付成果，以及明确项目团队成员的责任，因此项目重要干系人需尽可能参会。

在召开项目启动会时，需要提前确认参会人员和会议内容，并提前准备项目启动会材料。

参会人员需要涉及客户方项目干系人、服务方项目干系人和核心厂商（如果必要）等。

在沟通会议内容时，客户与服务方所做的工作并不相同。客户方负责主持会议，阐述项目的范围、进度和目标，验收标准、运维和支撑等需求，以及实施的规章制度、提供的实施条件等，并对服务方实施人员的技术能力、管理水平提出要求。服务方主要答复客户关心的问题，如技术、人员配置、设备到货期等问题，并向客户介绍项目交付人员的交付经验及职责。

在项目启动会上，最主要的角色是项目经理。项目经理需要与客户明确实施范围和项目目标、项目实施的条件、要求客户提供的各类支持，以及客户各项工作的负责人和落实人。另外，项目经理需要对自己公司提出要求，要求在资源上给予大力支持；项目经理除了提出要求，还可以在项目启动会上把主要困难提出来让项目组成员一起商量解决。

项目启动会前，服务方项目经理需提前确认的内容有：

○ 需要在项目启动会演示的内容；

○ 项目启动会的时间、地点；

○ 项目启动会的参会人员；

- 沟通项目的服务范围；

- 沟通项目的服务实施计划；

- 沟通客户对项目的预期。

在项目启动会上，项目经理需要向参会人员介绍本项目服务内容以及各方人员职责，如组织结构、实施内容、工作计划等内容。

9.6　项目实施

在项目实施阶段，我们需要了解在这个阶段的关键过程，如项目交付阶段、项目管理与指导工作、项目范围管理、项目质量管理、项目风险管理、项目其他管理，下面我们就每个阶段进行分项介绍。

9.6.1　项目交付阶段概述

项目交付阶段是指在召开项目启动会后正式的项目实施直到项目结束的阶段。这一阶段需要按照项目管理计划来协调资源，对参与的相关方进行管理，以及整合并实施项目活动。同时，需要跟踪、审查和调整项目进展与交付成果，识别必要的计划变更并启动相应变更的一组过程。项目交付阶段为整个项目监控的第四个关键阶段，如图 9-8 所示。

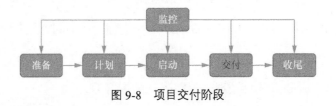

图 9-8　项目交付阶段

9.6.2　项目管理与指导工作

为了对项目进行管理与指导，项目经理和项目团队需要执行多项任务，以完成项目范围说明书所定义的工作。这些行动具体如下：

- ○ 交付人员执行活动以完成项目或阶段性目标；

- ○ 统计交付人员完成项目或阶段性目标耗费的工时和资金；

- ○ 配置交付人员并进行培训，管理已分配到项目或阶段中的项目团队成员；

- ○ 获取报价、投标、出价或提交方案书；

- ○ 从潜在的供应商中选择合适的供应商；

- ○ 获取、管理和使用包括原料、工具、设备和设施在内的资源；

- ○ 按照规划的方法或标准实施项目计划；

- ○ 创建、验证和确认项目交付物或阶段性交付物；

- ○ 管理风险和实施风险应对动作；

- ○ 管理供应商；

- ○ 把已批准的变更应用于项目的范围、计划和环境中；

- ○ 建立并管理项目组内部和外部的沟通渠道；

- ○ 收集项目或阶段性数据，并汇报成本、进度、技术、质量的进展和状态信息，以便进行项目预测；

- ○ 收集和记录经验教训并实施已批准的过程改进。

依据安全服务项目的特性，项目管理与指导工作需要输出可交付成果。可交付成果指的是在某一阶段或项目完成时，必须产出的可核实的产品、输出或服务。可交付成果是可验证的，通常是为实现项目目标而完成的有形的组件，也可包括项目管理计划。图 9-9 所示为一个可交付成果示例，此成果包括渗透测试报告、系统漏洞扫描报告、网络安全风险评估报告、攻击演习分析报告等。

图 9-9　可交付成果示例

9.6.3　项目范围管理

项目范围管理包括确保项目完成所需的全部工作,以成功完成项目的各个过程。管理项目范围主要在于定义和控制哪些工作应该包括在项目内,哪些不应该包括在项目内。

项目范围管理包括以下细节。

- 规划范围管理:为记录如何定义、确认和控制项目范围及产品范围而创建范围管理计划的过程。

- 收集需求:为实现项目目标而确定、记录并管理相关方需要的过程。

- 定义范围:确定项目和产品详细描述的过程。

- 创建 WBS:将项目可交付成果和项目工作分解为较小的、更易于管理的组件的过程。

- 确认范围:正式验收已完成项目的可交付成果的过程。

- 控制范围:监督项目和产品的范围状态、管理范围基准变更的过程。

制约项目实施的条件有 3 个:范围、时间、成本。这 3 个条件是相互影响、相互制约的,通常范围会影响时间和成本。项目在一开始时确定的范围小,它需要完成的时间以及耗费的成本也很小,反之亦然。很多项目开始时项目团队会粗略地确定项目的范围、时间以及成本，然而当项目进行到一定阶段时项目结束日期遥遥无期，需投入的人力和物力就像一个无底洞。这种情况是项目干系人最不希望看到的，然而这样的情况却并不罕见。造成这种情况的原因是没有控制和管理好项目的范围。可见，项目的 3 个约束条件中最主要还是范围的影响。

依据安全服务项目特性，在项目交付过程中，范围管理的主要工作如下。

- 确认范围：确认每个可交付成果，以提高最终产品、服务或成果获得验收的可能性。

- 控制范围：监督服务的范围状态，保持对范围基准的维护。

因此在整个项目管理中，首先我们需要在项目实施前与客户充分进行调研、引导和沟通，明确实施范围以及相关交付物要求；然后在项目实施的多个阶段与客户进行范围确认，确认范围未发生偏移；最后持续监控项目实施范围直至项目验收。图 9-10 所示为一个范围失控示例。

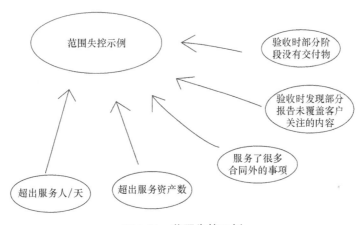

图 9-10　范围失控示例

从中可以看到，导致范围失控的原因有下面几点。

- 超出服务人/天：例如合同中约定的项目人/天为 10 人/天，实际为 20 人/天。

- 超出服务资产数：例如合同内只有 5 台渗透主机，但是实际上有 8 台。

- 服务了很多合同外的事项：项目范围本来只有渗透测试，没有漏洞扫描的工作，但最终为客户提供了漏洞扫描的服务。

○ 验收时发现部分报告未覆盖客户关注的内容：例如客户较为关注漏洞的修补建议，但是渗透测试报告内只有漏洞说明。

○ 验收时部分阶段没有交付物：例如和客户前期确定的需求在验收交付时没有体现，或者没有按照要求给出对应的交付物。

9.6.4 项目质量管理

PM 对质量的定义是产品或服务能满足对其明确或隐含需求的程度。

将项目作为一次性的活动来看，项目质量由工作分解后项目范围内所有的阶段、子项目、项目工作单元的质量构成，即项目的工作质量；将项目作为一项最终产品来看，项目质量体现在其性能或者使用价值上，即项目的产品质量。

项目活动是应客户的要求进行的。不同的客户有着不同的质量要求，其需求已反映在项目合同中。因此，项目质量除了必须符合有关标准和法规，还必须满足项目合同条款的要求，项目合同是进行项目质量管理的主要依据之一。

项目的特性决定了项目质量体系的构成。从供需关系来讲，客户是需方，他要求参与项目活动的各方（设计方、实施方等）提供足够的证据，建立满意的质量保证体系；另一方面，项目的一次性、核算管理的统一性及项目目标的一致性均要求将项目范围内的组织机构、职责、程序、过程和资源集成一个有机的整体，在其内部形成良好的质量控制及质量保证，从而构筑出项目的质量体系。

项目活动是一个特殊的物质生产过程，生产组织特有的流动性、综合性、劳动密集性及协作关系的复杂性，均增加了项目质量保证的难度。

项目的质量管理主要是为了确保项目按照设计者的要求完成，它包括使整个项目的所有功能活动能够按照原有的质量及目标要求实施。质量管理主要依赖于质量计划、质量控制、质量保证和质量改进所形成的质量保证体系来实现的。

根据安全服务项目的特性，深信服主要基于以下 3 方面进行质量重点管理以满足客户要求。

○ 服务过程质量管理。它有利于增强服务性厂商的竞争力；防止服务差错，提高顾客满意度；有助于树立企业良好的形象，增强顾客"认牌"购买的心理倾向。

- ○ 关键里程碑质量管理。里程碑是一个目标导向模式，它表明为了达到特定的里程碑需要完成一系列活动。里程碑式开发是通过建立里程碑和检验各个里程碑的实现情况，来控制项目工作的进展和保证总目标的实现。所以，通常完成一个里程碑工作，需要进行检查产出是否符合客户质量要求，避免和客户期望相差较大。

- ○ 交付物质量管理。项目完成后，针对所有交付物进行质量审核，确保交付物质量满足合同基本要求。

总的来说，要做好质量管理，我们首先需要在项目实施前与客户充分沟通，明确最终验收标准和质量基准要求；然后在项目实施的关键里程碑与客户确认服务质量是否满意，确认质量符合客户预期；最后持续监控项目实施质量直至项目验收。

9.6.5 项目风险管理

项目风险管理是指通过风险识别、风险分析和风险评价去认识项目的风险，并以此为基础合理地使用各种风险应对措施、管理方法和技术手段，对项目的风险实行有效的控制，妥善地处理风险事件造成的不利后果，以最少的成本保证项目总体目标实现的管理工作。

通过界定项目范围，可以将项目的任务细分为更具体、更便于管理的部分，避免遗漏而产生风险。在项目进行过程中，各种变更是不可避免的，变更会带来某些新的不确定性，风险管理可以通过对风险的识别、分析来评价这些不确定性，从而向项目范围管理提出任务。

项目风险管理是识别和分析项目风险及采取应对措施的活动，它包括将积极因素所产生的影响最大化和将消极因素产生的影响最小化两方面。项目风险管理的主要内容如下所示。

- ○ 风险识别：确认有可能影响项目进展的风险，并记录每个风险所具有的特点。

- ○ 风险量化：评估风险和风险之间的相互作用，以便评定项目可能产出结果的范围。

- 风险对策研究：确定对机会做出选择及对危险做出应对的步骤。

- 风险对策实施控制：对项目进程中风险所产生的变化做出反应。

这些内容不仅相互作用，而且与其他一些区域的内容互相影响。每个内容都可能需要一个人甚至一组人应对。在每个项目阶段，这些内容都至少会出现一次。

风险识别包含以下两方面内容。

- 识别哪些风险可能影响项目进展及记录具体风险的各方面特征。风险识别不是一次性行为，而是有规律地贯穿整个项目中。

- 风险识别包括识别内在风险及外在风险。内在风险指项目工作组能加以控制和影响的风险，如人事任免和成本估计等。外在风险指超出项目工作组掌控力和影响力之外的风险，如市场转向或政府行为等。

严格来说，风险仅仅指遭受创伤和损失的可能性，但对项目而言，风险识别还牵涉机会选择（积极成本）和不利因素威胁（消极结果）。

项目风险识别应通过对"将发生什么，会导致什么"的认定来实现，或通过对"什么样的结果需要予以避免或促使其发生，以及怎样发生"的认定来完成。

在所识别的风险中，项目产品的特性起决定作用。所有的产品都是这样，生产技术已经成熟完善的产品要比尚待革新和发明的产品风险低得多。与项目相关的风险常常以"产品成本"和"预期影响"来描述。

根据安全服务项目的特性，深信服对常见的安全服务项目风险以及风险预防措施进行了简单汇总。

在项目整体过程中，最常见的安全服务项目风险有以下几种：

- 安全服务方案不行；

- 客户不配合；

- 项目交付人力不足；

- 项目范围蔓延；

◯ 项目需求变更。

在确定了常见的安全服务项目风险后，接下来就需要对常见的安全服务项目风险进行预防，相应的预防措施具体如下：

◯ 项目范围在工作计划执行前要达成共识；

◯ 部分服务工作需要提前做好授权确认和数据备份工作，并制订充分的风险预案；

◯ 在项目执行过程中要做好沟通，避免客户无感知（事事有跟进，事事有反馈）；

◯ 在发生风险时需要第一时间传递信息，以便有关决策者及时决策，采取相应措施。

9.6.6　项目其他管理

在项目实施过程中还有另外几个方面需要做好管理工作，如资源管理、成本管理、项目相关方管理、项目沟通管理，以保证客户的满意度，并保证项目顺利交付。下面就这几方面分别进行介绍。

（1）资源管理。合理的资源管理可以有效地推进项目进程。资源管理可以按照以下几种方式进行分类。

◯ 第一种按照区域、部门、项目及活动分类。这样一来，不同部门、项目的资源情况一目了然，可方便资源的查找、申请和分配，而且可以跟踪所有资源的使用情况。管理者通过对比参照资源管理情况，可以快速地做出资源调整或未来资源分配计划。

◯ 第二种按照资源的使用情况分类。这种方式需要实时跟进资源的计划分配、实际分配和实际使用情况，对资源的计划使用情况与实际使用记录进行比较分析，检测过度分配与不合适的资源，项目执行人员可以重新调配不合理的资源分配，避免资源浪费。

◯ 第三种按照资源在使用时的计费情况分类。在项目管理中，成本及预算是无法绕过的一个坎，如果执行人员没有成本意识而疏忽管理，在项目执行时很可能一不小心就超出预算，导致后期工程"断粮"，拖慢项目进度。项目的预算中很大一部分是资源的费用，因此通过对项目中需要的资源进行费用预算和实时费用记录，管理者和执行人员都能够清楚地了解预算消耗情况，进而减少不合理资源的使用，避免项目出现成本漏洞。

（2）成本管理。成本管理是企业针对项目过程中各项成本核算、成本分析、成本决策和成本控制等一系列科学管理行为的总称。

成本管理包括成本规划、制订预算和管理成本。成本管理需要项目经理与项目团队及关键干系人的共同努力。成本管理应在项目规划的早期进行，以便尽早建立成本管理框架，确保项目不会超出预算。

成本控制过程是根据成本基准监控实际项目成本和管理成本基准变更的过程，它可使项目经理尽早发现成本偏差并采取纠正措施，将项目成本控制在预算内。图 9-11 所示为项目成本与项目质量的对应关系。成本越高，质量越高；成本越低，质量越低。

图 9-11　成本与质量

（3）项目相关方管理。相关方支持，是项目能够成功的重要因素之一，因此管理相关方在项目推进过程中就显得尤为重要。如果不能使用有效的手段对其进行有效的管理，项目推进过程中就有可能产生阻力。这其中的关键在于如何能使项目相关方充分支持项目，满足项目的目标要求。在与相关方进行沟通时，注意事项如下：

- 与相关方建立良好的关系，与相关方进行沟通和协作以满足他们的需求与期望，并促进相关方合理参与；

- 项目组与相关方之间的沟通也尤其重要，要确保信息在项目组和相关方之间被及时且恰当地收集、发布、管理和监督等。

而项目相关方管理在成本管理上的主要作用是，获得相关方的更多支持，并尽可能降低相关方的抵制。

（4）项目沟通管理。项目沟通管理是项目整个活动过程中的神经纽带。有效沟通是进行项目各方面管理的纽带，是项目成功的关键因素。如果缺乏有效的沟通，项目注定要失败。项目需要有效的沟通，以确保在恰当的时间、以恰当的成本、恰当的方式使恰当的人获得恰当的信息。其中主要的沟通内容如下：

- 项目范围沟通；

- 项目进展沟通；

- 项目问题沟通；

- 项目资源沟通；

- 第三方公司沟通；

- 项目冲突沟通。

可以采用的沟通形式有文档、会议、口头、邮件、通信工具等。

9.7　安全加固方案：勒索病毒防护解决方案

从 WannaCry 爆发开始，勒索病毒成为了全球主要的网络安全威胁之一。随着勒索病毒产业日益成熟、技术持续进化，其攻击范围从 Windows 系统覆盖到全平台的各类设备，主要目标也开始精细化定位到各企事业组织。而且一旦感染勒索病毒，对组织业务和数据的伤害几乎是灾难性的。

勒索病毒大规模暴发，有以下几个原因。

- 勒索的模式套现快、周期短、收入高。

- 勒索技术发展快，勒索实施门槛低，而且有便捷的加密技术可供黑客利用，这吸引着越来越多的人员加入勒索病毒背后的犯罪团体，黑产也由个人演变为产业，对企业的攻击更为频繁与持续。

- 比特币、洋葱路由器、动态 DNS 等技术的发展使得犯罪分子难以追踪。

- 一些组织安全意识薄弱、安全建设投入不足，因此被犯罪分子选为攻击目标。

如今，全球勒索病毒感染态势日益严峻，中国部分行业和地区已成为勒索病毒肆虐的重灾区。

在各行业勒索病毒持续爆发的背景下，××单位意识到进行安全建设和管理的重要性。该单位具有终端数量多、业务覆盖面大、安全运维管理难等特点，加之单位内部的信息安全人员数量有限，终端分布环境复杂，威胁风险事件较多，信息安全人员对安全运维工作始终处于被动状态，尤其对勒索病毒和未知威胁的防护往往不知所措。此外，勒索病毒多种多样，行为特征千差万别，仅依靠边界防护或终端安全软件是不能完全保障业务安全的。一旦被黑客植入勒索病毒，将造成整个业务系统的瘫痪，从而造成严重损失，后果不堪设想。

针对勒索病毒的危害和××单位安全建设的现状，深信服提供勒索病毒防护解决方案，以弥补当前××单位网络安全建设的不足。接下来我们将介绍勒索病毒的防护方案、防护原则，以及整体设计与规划。

9.7.1 常见入侵方式及防护挑战

下面针对勒索病毒常见的入侵方式与防御所面临的防护挑战进行介绍。

1. 勒索病毒常见入侵方式

勒索病毒主要以 RDP 暴力破解、钓鱼邮件、漏洞利用、僵尸网络等形式进行传播，其性质恶劣、危害极大，一旦感染将带来无法估量的损失。

（1）RDP 暴力破解。RDP 暴力破解是目前为止成本最低、最为简单的入侵方式，也是大部分勒索病毒使用的攻击方式。

RDP 暴力破解主要是通过扫描暴露在公网且开放了 RDP 服务的主机，使用强大的密码字典进行逐一猜解。当匹配到正确的账户名和密码后，攻击者会人工通过 RDP 登录失陷主机，一旦登录便能获取主机的控制权限，进一步进行内网渗透，包括内网横向 RDP 暴力破解、手动对抗安全软件等。

为了躲避安全软件的暴力破解检测，攻击者还会选择进行慢速暴力破解，或不断更换代理 IP 来进行暴力破解。尽管 RDP 暴力破解具有一定的随机性和限制性，但凭借低成本、高权限的特点，它成为攻击者最青睐的攻击方式。

（2）钓鱼邮件。钓鱼邮件是继 RDP 暴力破解之后又一成本较低的攻击方式。不同的是，钓鱼邮件的成功率受到更多的限制。例如，邮件内容需要针对目标进行精心的伪造，与目标的业务相贴合，有足够的吸引力让目标按照引导下载并执行恶意程序。

由于钓鱼邮件的流程较为自动化，在目标执行恶意文件之前，攻击者是无法获得目标主机权限的，需要靠前期做好各类免杀工作。而能否绕过目标所使用的安全产品的层层保护，也是一个未知数。

（3）漏洞利用。随着企业安全防控的加强，RDP 暴力破解、钓鱼邮件等攻击方式容易遭到拦截，攻击者开始尝试利用常见漏洞进行攻击。漏洞利用是勒索攻击中成本相对较高的攻击手法，虽然网络上大量的漏洞可以参考，但每一个漏洞都需要根据具体的情况来进行利用。

攻击者利用的漏洞可以分为两类，一类是可以直接进行扫描攻击的系统漏洞或组件漏洞，一类是需要结合钓鱼邮件等方式利用的应用漏洞，这两者的成功率都较大程度地受目标环境限制。

（4）僵尸网络。在不断的创新下，攻击者也逐渐发现一些"捷径"。很多攻击者积极与僵尸网络团伙达成合作，利用僵尸网络控制端下发和执行勒索病毒，或是分发携带勒索病毒附件的钓鱼邮件，省去了大量人工渗透的过程。

2. 勒索病毒防护存在的挑战

勒索病毒技术的进化和发展给防护工作带来巨大的挑战，具体表现在以下几个方面。

○ 攻击手法粗暴。近年勒索病毒趋向人工对抗安全防护的形式，甚至有专门的运营团队，更新迭代加快。攻击时间更为聚焦。攻击基本出现在下班时间和周六日，避开了安全人员介入的时间。攻击门槛逐渐降低。勒索软件的出现，让更多的攻击者具备人工对抗安全防护的能力，借助僵尸网络植入勒索病毒，从而实现大范围敲诈，加上勒索病毒产业化、多平台扩散等的变化趋势，安全防护变得越来越困难。

○ 攻击目标更加精准，勒索赎金可根据目标企业类型定制。基于过去从企业中收获的丰厚利益，勒索病毒攻击的目标更多地投向企业，尤其是重要资产。经验丰富的攻击者的攻击对象已由过去的广撒网、无差别模式转变为针对具有勒索漏洞的企业，这一转变让勒索攻击的收益转化更高效，但对目标组织来说，一旦中招损失更加巨大。

○ 攻击工具愈发先进，检测越来越难。Mandiant Intelligence 机构在调研了近期几十种勒索事件后发现，其中 75%的事件在恶意活动的第一批证据和勒索软件部署（加密）之间至少间隔了 3 天，最多甚至间隔了 290 天。勒索软件已安装到受害环境中但尚未成功执行，可见勒索攻击更趋向于 APT 攻击，具备长期潜伏特性。这意味着攻击组织可能利用逃避检测的软件，甚至可能使用合法的工具来实现勒索加密。

○ 勒索模式不断更新，危害越来越大。如今，勒索病毒不再仅仅是加密数据。鉴于部分目标不愿意支付赎金,攻击者转而窃取受害企业的重要数据作为勒索的筹码。重要数据被掌握在攻击者手里，不交赎金将被撕票（即公布数据或将重要数据卖给竞争对手），这为受害企业带来了严重的数据泄密风险。特别是在一系列数据安全法律及政策合规的要求下，政企面临的压力也越来越大。

9.7.2 设计原则

综上所述，不能将勒索视为简单的病毒，而应看成具备人工对抗且影响重大的针对性攻击。因此应该优先防护具有重要数据价值的资产（如服务器），提前防御，在勒索发作之前发现或处置。

1. 设计原则

针对××单位勒索病毒的安全防护工作，应当以威胁风险为核心，以重点保护为原则，从实用的角度出发，重点保护关键业务系统计算机。在项目建设中应当遵循以下几个原则。

（1）适度安全原则。任何信息系统都不能做到绝对的安全。在进行勒索病毒安全防护建设时，要在安全需求、安全风险和安全成本之间平衡和折中，过多的安全要求必将造成安全成本迅速增加、运行更加复杂。

适度安全也是项目建设的初衷，因此在进行项目建设的过程中，一方面要严格遵循基本要求，另外也要综合成本的角度，针对××单位的实际风险情况，提出对应的保护强度，并按照保护强度进行安全防护系统的设计和建设，从而有效控制成本。

（2）技术管理并重原则。信息安全问题从来不是单纯的技术问题，把防范黑客入侵和病毒感染理解为信息安全问题的看法是片面的。仅仅通过部署安全产品很难完全覆盖所有的信息安全问题，因此组织机构后续还应制定有效的管理制度，将技术与管理相结合，更有效地保障系统的整体安全性。

（3）合规性原则。勒索病毒安全防护应当考虑与国家相关标准的符合性。在本次项目建设中，采用的产品必须满足国家法律法规和相关标准的要求。

（4）成熟性原则。采取的安全措施和产品，在技术上是成熟的，是已被检验确实能够解决安全问题并在很多项目中成功应用的。

（5）综合治理原则。在本项目中，勒索病毒安全防护不仅是一个技术问题，各种安全技术应该与运行管理机制、人员的思想教育与技术培训、安全规章制度建设相结合，从多角度综合考虑。

2．交付原则

为保证信息系统的正常运行和服务效果，服务工作需严格遵循以下原则。

（1）标准化原则。严格遵守国家和行业的相关法规、标准，并参考国际的标准来实施。

（2）业务主导原则。安全服务工作主要围绕信息系统所承载的业务开展，其保障核心是信息系统所承载的业务和业务数据，这种以业务为核心的思想将贯穿安全工作过程的各个阶段。

（3）规范性原则。制订严谨的工作方案，通过规范的项目管理在人员、项目实施环节、质量保障和时间进度等方面进行严格管控。

（4）保密性原则。确保所涉及的客户的任何保密信息，不会泄露给第三方单位或个人，不得利用这些信息损害客户利益。

（5）最小影响原则。安全服务工作实施应设法将对系统和网络的正常运行可能造成的影响降到最低，不对网络系统和业务应用的正常运行产生显著影响，同时在工作实施前做好备份和应急措施。

（6）互动性原则。与客户（安全管理员、系统管理员、普通用户等相关工作人员）共同参与服务交付的整个过程，从而保证项目执行的效果并提高客户的安全技能和安全意识。

9.7.3　建设范围与规模

本项目将为××单位信息系统构建全网勒索病毒防护体系，保证安全、可控、可审计。

本次项目建设的范围为××单位，下面我们分别来看一下整体方案的防护思路、病毒防护解决方案的框架以及说明。

1．勒索病毒防护思路

在防护勒索病毒时，我们主要从预防、监测、处置这3方面进行预防防护，如图9-12所示。

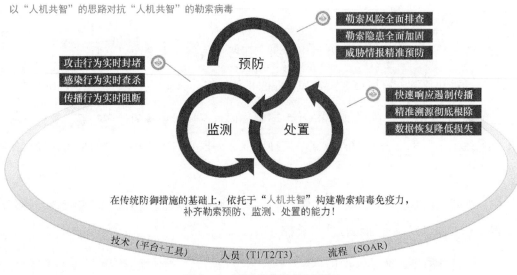

图9-12　勒索病毒防护思路图

（1）预防。在前期开展勒索风险的评估，及时发现可能存在的安全隐患；通过安全产品的专有安全能力进行安全加固，如加强网络防护，提升终端安全基线，减少终端端口开放、弱口令、漏洞等安全风险点，防止被 RDP 暴力破解、漏洞利用、U 盘传播、钓鱼邮件等方式感染病毒。在终端层面利用杀毒软件快速查杀各种类型的勒索病毒，防止数据被加密。

（2）监测。勒索病毒入侵后会横向扫描、扩散繁殖，此时需要实时监测终端恶意文件、网内加密信道、内网横向渗透等病毒感染方式，通过多种手段（终端+网络或本地+云端）监测勒索病毒感染链条，在数据被加密之前发现勒索病毒。

（3）处置。对勒索病毒进行集中处置，进一步分析造成安全事件的原因，快速采取措施进行根除，尽快恢复业务正常运转。同时，提前储备应急资源，针对关键敏感数据实施数据联动备份，将损失降到最低。

2．勒索病毒防护解决方案技术框架

勒索病毒防护解决方案技术框架如图 9-13 所示。我们按照从下往上的顺序进行解读。首先是结合勒索病毒防护产品，下一代防火墙 AF、终端检测与响应 EDR、安全感知平台 SIP，然后结合深信服的安全运营中心、SAVE、勒索威胁情报中心、安全云脑、监测响应平台，针对各项勒索风险排查、隐患加固、勒索持续监测、勒索事件应急进行综合勒索预防与响应。

3．勒索病毒防护解决方案说明

针对勒索病毒的攻击路径和方式，深信服解决方案参考业界相关网络安全模型，通过预防、监测、处置 3 个阶段对勒索病毒进行精准快速的闭环处置。

预防阶段。勒索病毒攻击的第一步是寻找目标并让目标感染病毒。勒索病毒一般是利用漏洞传播（被动）和传统诱导传播（主动）。在这个阶段我们要针对勒索病毒可能的传播方式提前做好阻断措施，预防勒索病毒的感染。在预防阶段，可通过分区域、系统漏洞检测及修复、勒索病毒专项防御、慢速暴力破解、微隔离、进程/目录白名单、RDP 登录二次验证等功能让勒索病毒无机可乘。

（1）分区域。我们不能将整个系统的安全寄托在单一的安全措施上，可利用深信服下一代防火墙 AF 建立多重保护。当一层保护被攻破时，其他层的保护仍可确保信息系统的

安全（可阻止/缓解勒索病毒横向传播）。设定清楚的安全区域边界，明确安全区域策略，在不同区域制定不同的安全策略。在安全区域之间执行完整的安全策略，有助于建立纵深防御体系，方便安全技术实施部署（确保策略有效）。

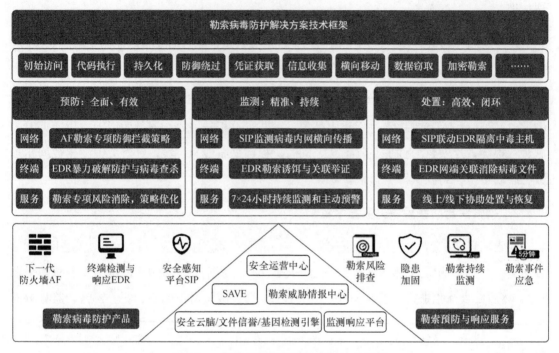

图 9-13　勒索病毒防护解决方案技术框架

（2）系统漏洞检测及修复。通过系统漏洞检测来进行主动风险分析，明确系统层面的漏洞风险是否为可接受风险，并及时告警、封堵，预防通过漏洞直接感染或植入木马、后门后再感染的勒索病毒。

（3）勒索病毒专项防御。通过勒索病毒对抗专项配置，针对勒索病毒传播途径，实施特定安全策略进行有效阻挡；通过勒索病毒专项处置页面，即专属的勒索病毒处置中心，对勒索病毒进行全生命周期的跟踪处置。

（4）慢速暴力破解防御。使用增量式机器学习技术，将主机行为转化成空间中的特征向量（点）。点在模型下方时，表示判定主机无扫描行为；点在模型上方时，表示判定主机存在扫描行为。

（5）微隔离。微隔离就是主机防火墙在系统层上细粒度地隔离访问控制，可以实现不同终端的安全隔离、不同部门间的安全隔离与访问控制、不同角色的访问控制、不同业务系统的安全隔离和访问控制。

（6）进程/目录白名单。使用自动学习或手动导入的方式，实现进程安全（可信进程），如系统进程、应用进程等；安全目录（可信目录），如普通目录、保护目录。只有在可信进程池内的进程才可以在终端上运行或访问可信目录，这有效防止了勒索病毒在终端上运行或加密重要文件。

（7）RDP 登录二次验证。在 RDP 登录时，除了使用系统本身账号密码的验证机制，还使用终端软件提供二次验证机制，只有两次验证全部通过，才能远程访问目标系统，这有效防止了系统的弱口令问题导致的安全问题。

（8）文件信誉检测引擎。基于传统的文件哈希值建立的轻量级信誉检测引擎，主要用于加快检测速度并有更好的检出效果。文件信誉检测引擎主要有两种机制。

○ 本地缓存信誉检测：对终端主机本地检测的已知文件检测结果进行缓存处理，加快二次扫描，优先检测未知文件。

○ 全网信誉检测：在管理平台上构建组织全网的文件信誉库，将单台终端上的文件检测结果汇总到平台，做到一台发现威胁，全网威胁感知的效果。并且将组织网络中的检测重点落到对未知文件的分析上，减少对已知文件重复检测的资源开销。

（9）文件数字签名检测引擎。文件数字签名检测可实现对微软数字签名、第三方 CA 签名的检查，对系统文件的可信性验证，以及定位和检测出所有未经微软签名的不可信文件，检测出被攻击者和木马病毒破坏的系统文件，从而提高检测结果的有效性。

（10）基因特征检测引擎。深信服的 EDR 安全运营团队根据安全云脑和 EDR 产品的数据运营，对热点事件的病毒家族进行基因特征的提取，洞见威胁本质，从而检测出病毒家族的新变种。相比一般的静态特征，通过基因特征识别病毒家族更精准。

（11）基于人工智能技术的 SAVE。SAVE 是由深信服创新研究院的博士团队联合 EDR 产品的安全专家，以及安全云脑的大数据运营专家，共同打造的人工智能恶意文件检测引擎。SAVE 利用深度学习技术对数亿维的原始特征进行分析和综合，结合安全专家的领域知识，最终挑选了数千维最有效的高维特征进行恶意文件的鉴定。相比基于病毒特征库的传统检测引擎，SAVE 的主要优势有：

- 强大的泛化能力，它能够做到在不更新模型的情况下识别新出现的未知病毒；

- 对勒索病毒检测检出率达到业界领先水平，包括影响广泛的 WannaCry、BadRabbit等病毒；

- 云、端联动，依托于深信服安全云脑基于海量大数据的运营分析，SAVE 能够持续进化，不断更新模型并提升检测能力，从而形成本地传统引擎、人工智能检测引擎和云端查杀引擎的完美结合。

（12）行为引擎。传统静态引擎，是基于静态文件的检测方式，加密和混淆等代码级恶意对抗可轻易绕过它。而基于行为的检测技术，实际上是让可执行程序运行起来，用"虚拟沙盒"捕获行为链数据，通过对行为链的分析来检测出威胁。因此，不管使用哪种加密或混淆方法，都无法绕过检测。最后，执行的行为被限制在"虚拟沙盒"中，检测完毕即被无痕清除，不会真正影响到系统环境。行为引擎在分层漏斗检测系统结构中，与云查引擎处于最底层，仅有少量的文件到达该层进行鉴定，因此总体资源消耗较少。

（13）云查引擎。针对最新未知的文件，使用 IoC（失陷指标）特征（文件哈希、DNS、URL、IP 地址等）的技术，进行云端查询。云端的安全云脑使用大数据分析平台，基于多维威胁情报、云端沙箱技术、多引擎扩展的检测技术等，秒级响应未知文件的检测结果。具体交付项和内容描述如表 9-7 所示。

表 9-7　勒索预防与响应服务详细交付项和内容描述

服务阶段	交付项	详细交付项	内容描述
勒索风险排查和加固	资产识别与梳理	资产发现与识别	借助资产梳理工具对客户资产进行全面发现和深度识别，并在后续服务过程中触发资产变更等相关服务流程，确保深信服安全运营中心中资产信息的准确性和全面性
		资产信息梳理与管理	结合安全工具发现的资产信息，首次进行服务范围内资产的全面梳理（梳理的信息包含支撑业务系统运转的操作系统、数据库、中间件、应用系统的版本、类型、IP 地址，应用开放协议和端口、应用系统管理方式、资产的重要性以及网络拓扑），并将信息录入平台中进行管理。当资产发生变更时，安全专家将对变更信息进行确认与更新

服务阶段	交付项	详细交付项	内容描述
勒索风险排查和加固	勒索风险排查	风险排查	定期更新勒索病毒风险排查的检查清单
			服务项目经理定期按照勒索病毒检查清单开展勒索风险评估，包含脆弱性、安全策略、攻击行为、勒索隐患等安全现状的评估
		勒索风险分析	安全运营专家根据风险排查的结果汇总分析输出风险排查报告（含误判审核和修改）
		进度跟踪	生成并跟踪服务进度
	勒索隐患加固	处置加固	对发现的勒索风险完成或协助完成加固闭环
		加固指导	安全运营专家根据风险排查结果向客户提供可落地的处置加固手册
		效果验证	对加固后的效果进行复测验证

监测阶段可分为流量特征挖掘、勒索诱捕、攻击场景溯源、攻击者画像、监测响应服务这 5 个阶段持续协助客户进行勒索病毒的监测。

（1）流量特征挖掘。通过威胁感知系统基于流量特征挖掘异常行为并关联安全数据进行分析，可以：

○ 提供多节点的全面流量监测架构；

○ 支持 HTTP、SMB、MAIL 等流量异常的模型检测；

○ 针对发生的安全事件进行标签关联，提供威胁感知能力。

通过分析入站及出站双向流量，以及内网不同区域间的横向流量，结合行为分析等技术，利用大数据、人工智能等技术手段检测流量中的异常，快速发现勒索病毒。

（2）勒索诱捕。通过勒索诱饵，当勒索病毒加密诱饵文件可通过进程回溯病毒文件进行查杀，达到转移攻击的目的，有效防止勒索病毒对关键目录文件的进一步加密。

○ 攻击场景溯源。通过关键路径分析给出主机安全场景的风险描述、入侵路径的确信度、攻击者 IP 地址信息，帮助安全团队看清楚主机究竟发生了什么样的问题，是由哪个攻击者造成的。溯源结论提供攻击入口点分析，帮助客户重点排查入口点，辅助进行网络安全加固。根据主机失陷、达成目的、扩散、权限维持阶段可分析攻击者的最终目的到底是什么，并评估影响面。

○ 攻击者画像。安全感知平台利用强大的数据处理能力能够实时呈现攻击者的所有行为，对攻击者进行全面追溯。攻击者画像能够分析识别攻击者的攻击工具、攻击手法，并对攻击者的攻击过程做详细还原，从而帮助安全团队追踪攻击者。对相关攻击行为和访问行为做全面溯源，可以了解攻击者的意图，提供判断依据，辅助加固决策。攻击者画像以攻击者视角整合多源数据，对攻击者的攻击过程、攻击手段、攻击工具、攻击趋势等信息进行展示，以时间轴的方式展示攻击者的所有入侵/访问历史痕迹等。

（3）监测响应服务。持续安全运营阶段为监测响应服务提供了持续有效的勒索监测、勒索应急处置和可视化运营。详细交付项和内容描述如表 9-8 所示。

表 9-8　持续安全运营阶段详细交付项和内容描述

服务阶段	交付项	详细交付项	内容描述
持续安全运营阶段	勒索监测	勒索威胁情报通告与排查	提供新出现的勒索威胁情报分析推送并进行受害资产确认，风险确认后协助客户完成加固
			提供同行业勒索威胁情报分析推送并进行受害资产确认和加固
		勒索行为监测	通过安全用例对勒索的风险行为进行持续动态监控及审核
		安全策略管理	安全运营专家每月对安全组件上的安全策略进行统一管理，确保安全组件上的安全策略始终处于最优水平，这对勒索病毒能起到最好的防护效果
		实时攻击对抗	安全运营专家实时进行攻击 IP 地址封堵、告警分析处置
	勒索应急处置	勒索事件定位与预警	实时监测异常流量、发现勒索事件第一时间进行取证并定位影响资产，及时向客户预警
		勒索事件遏制与查杀	针对分析得到的勒索病毒，通过工具和方法对恶意文件、代码进行根除，帮助客户快速组织扩散，降低经济损失或减轻影响
		勒索事件溯源与加固	通过安全日志检测分析，还原攻击路径，分析入侵事件原因，指导客户进行安全加固、提供整改建议、防止再次入侵
	可视化运营	运营结果可视化	通过服务可视化，随时查看业务资产安全风险状态
			在线展示所有勒索病毒相关事件监测结果、防御过程和防御结果
			在线展示所有服务工单、流程和事件处理进展
		定期安全汇报	定期总结阶段性持续运营情况发送给客户，并向客户汇报

在处置阶段，可通过各种功能、流程以及服务协助客户进行处置，如病毒终端一键隔离、安全设备协同联动、勒索事件处置流程、勒索应急响应服务等。

（1）病毒终端一键隔离。深信服 EDR 产品提供一键隔离功能，通过一键隔离阻止感染终端持续向外扩散，阻止事件升级。

（2）安全设备协同联动。通过网端云协同联动对全网网络安全架构进行设计，并通过不断完善云端体系和版本升级进行持续迭代，增强各阶段对勒索病毒的防护能力。

（3）勒索事件处置流程。对勒索病毒事件提供专项勒索事件处置闭环流程，客户可根据此流程快速处置勒索病毒，控制安全事件范围。

（4）勒索应急响应服务。深信服提供专业安全服务团队，从检测、分析、遏制、消除、恢复 5 个阶段，帮助客户快速处置勒索病毒，恢复业务正常运转。

9.7.4　方案部署说明

在整体部署勒索病毒防护方案时，我们将此方案分成产品实施阶段、勒索预防阶段，接下来将对这几个阶段进行逐项介绍。

1. 产品实施阶段

图 9-14 所示为产品实施具体流程，首先在边界设备上接入深信服的云端威胁情报共享中心，然后部署深信服边界安全防护设备（下一代防火墙 AF），并在终端部署 EDR，最后在内网部署安全感知平台，每个平台以及设备的具体功能如下。

- 引入云端威胁情报。推送最新的勒索威胁情报，帮助客户提前做好防御。

- 边界安全防护设备（下一代防火墙 AF）。拦截 Web 漏洞利用攻击或 RDP 暴力破解等，同时防护设备与云端信誉联动，基于 IP 地址信誉或文件信誉直接拦截外联命令和控制服务器主机行为。

- 终端部署 EDR。进行脆弱性检测，检测是否存在高危漏洞、端口或服务；定期扫描终端目录，检测是否已植入勒索软件；实时分析勒索行为，利用人工智能技术及时定位异常；及时隔离感染主机，避免内部大范围的感染。

- 安全感知平台。关联网络数据和终端数据，联合分析可疑行为，实时监测和预警全网勒索威胁。

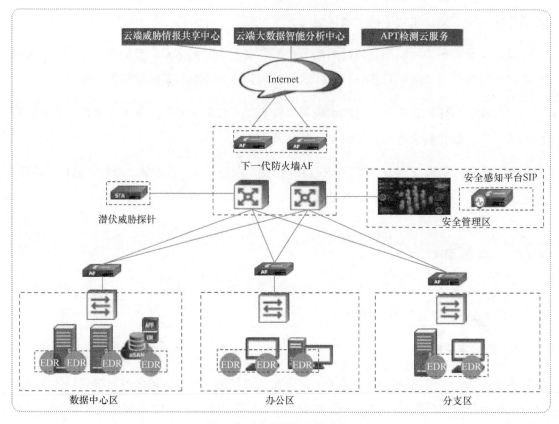

图9-14　产品实施具体流程

2. 勒索预防阶段

在勒索预防阶段，我们主要介绍勒索预防服务的适用场景以及勒索预防服务的流程。

勒索预防服务适用于首次对客户进行安全评估服务时，它可以提前在客户网络内发现可能导致勒索的安全风险并进行加固处置，最后形成勒索防护基线。在服务过程中，以下几个条件均会触发勒索预防服务：

- 新型勒索病毒暴发；

- 重要时期前，如重保时期；

- 客户曾中过勒索病毒；

- 按照客户需求提供等。

9.7.5　方案价值

勒索病毒防护方案整体可以给客户带来以下 5 个价值。

- 勒索病毒的实时防御。勒索病毒通过加密文件的方式，要求受害者支付一定数额的赎金。这种攻击方式越来越流行，每天都有客户反馈中招。深信服专家团队能够非常精准地识别不同的勒索病毒，并通过专业分析识别各种勒索病毒感染行为和加密特征，对最新的勒索病毒进行有效的查杀，防止客户感染最新的勒索病毒。

- 入侵攻击的主动检测。终端主机被入侵攻击，导致感染勒索病毒或者挖矿病毒，其中大部分是通过暴力破解的弱口令攻击实现的。深信服的勒索病毒防护解决方案能够主动检测暴力破解行为，并对发现攻击行为的 IP 地址进行封堵响应；针对 Web 安全攻击行为，则主动检测 Web 后门的文件；针对僵尸网络的攻击，则根据僵尸网络的活跃行为，快速定位僵尸网络文件，并一键查杀。

- 病毒文件的快速定位及查杀。某些类型的勒索病毒会利用漏洞在内网自动传播，如果没有根除，会造成反复感染的情况。深信服的勒索病毒防护解决方案能够利用流量监测、攻击者画像的方式追踪溯源，完整回溯病毒感染路径，协助客户根除勒索病毒，同时为调查取证提供依据。

- 热点事件的及时响应。深信服的勒索病毒防护解决方案通过全球的大数据安全分析，提供热点事件的情报，推送情报数据给深信服的安全产品。深信服的安全产品能根据情报数据快速进行全网威胁定位分析，及时发现和响应最新的热点事件。同时深信服提供的勒索病毒应急响应服务，能够帮助客户快速处置勒索事件，恢复业务正常运转。

○ 勒索预防与响应服务。勒索预防与响应服务是深信服以"人机共智"为底层基础架构，为客户提供专门针对勒索病毒防御的专项服务。基于多年对勒索病毒家族的深度研究和勒索行为的大数据分析得出了百余项勒索病毒检查清单，结合勒索病毒专家的经验和能力，深信服构建了勒索检测库和预防库；依托于长沙的安全运营中心，深信服能为客户提供 7×24 小时勒索预防防护，服务专家定期按照检查清单对客户的网络进行深度排查，确保及时清除勒索病毒风险；安全运营中心结合客户的业务特征配置个性化的安全用例进行勒索行为实时监测，一旦发现勒索行为，安全专家将第一时间介入，并快速清除勒索病毒威胁；当客户的同行组织、供应商爆发勒索病毒时威胁情报团队主动向客户预警，服务专家将迅速帮客户确认风险资产和受影响范围，提前规避风险；当客户遭受勒索攻击时，安全运营中心将迅速组织专家响应团队，帮助客户高效闭环勒索事件，让勒索风险全面可视。